산에 들에 피는

우리꽃
123

일러두기

꽃은 그 나라 국민의 마음이다. 화려하면 화려한 대로, 소박하면 소박한 대로 그들이 갖고 있는 마음을 고스란히 표현한다. 때문에 꽃을 안다는 것은 우리 자신의 마음을 안다는 것과 다름 아니다. 최근 자연과 환경에 대한 소중함을 크게 느끼기 시작하면서 우리꽃에 대한 관심 역시 몰라보게 높아졌다. 이 책은 바로 그러한 관심에 부응하기 위해 만들어졌다.

우리나라 산과 들에는 4,500여 종이 넘는 식물들이 분포하고 있다. 아이들과 식물원에 가보면 다양한 꽃들이 앙증맞게 피고 지는 모습들을 볼 수 있지만 그 꽃에 대하여 아이들의 질문에 선뜻 알려줄 정보가 부족한 것도 사실이다.

이 책은 기본적으로 꼭 알아야할 우리꽃 123종을 실었다. 우리 주변에서 쉽게 찾아볼 수 있고, 또 우리나라를 대표하는 꽃들이라 할 수 있다. 초등학생들도 쉽게 알 수 있도록 꽃의 생김새나 잎의 특징이 나타나는 컬러사진을 실었으며, 이해를 돕기 위해 꽃 이름과 관련된 이야기와 식물의 쓰임새에 따른 설명도 곁들였다.

한정된 지면으로 이 책이 우리꽃의 모든 것을 설명해 주는 해설서는 될 수 없음은 분명하다. 또 이곳저곳 아쉽고 부족한 부분도 눈에 띌 것이다. 그러나 이 책이 우리의 꽃, 더 나아가 우리의 자연을 알고 사랑하기 위한 출발서로는 충분한 가치를 지닐 것이라 판단한다. 이 책을 펼쳐보면서 혹 잘못된 부분이 있어 지적해 주면 감사할 따름이다.

아이콘보기

우리꽃 123종을 각각 한쪽에 걸쳐 다루었으며, 편집의 체제는 다음과 같다.

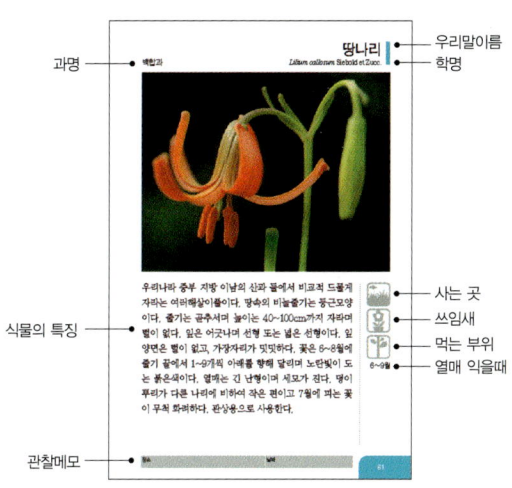

- 과명 → 백합과
- 우리말이름 → 땅나리
- 학명 → *Lilium callosum* Siebold et Zucc.
- 식물의 특징
- 사는 곳
- 쓰임새
- 먹는 부위
- 열매 익을때
- 관찰메모

사는 곳

 고산능선   숲 속   들판   바닷가   물 속   습지

쓰임새

정원수   유실수   원예식물   약용식물   식용식물   잡초

먹는 부위

 잎   뿌리   줄기   열매   독초   독초는 아니지만 안 먹음

차례

봄

복수초	7	
꿩의바람꽃	8	
매발톱꽃	9	
동의나물	10	
노루귀	11	
모데미풀	12	
할미꽃	13	
삼지구엽초	14	
깽깽이풀	15	
으름덩굴	16	
홀아비꽃대	17	
족도리풀	18	
애기똥풀	19	
현호색	20	
금낭화	21	

히어리	22
돌단풍	23
양지꽃	24
병아리꽃나무	25
조팝나무	26
팥꽃나무	27
졸방제비꽃	28
흰젖제비꽃	29
진달래	30
앵초	31
때죽나무	32
미선나무	33
만리화	34
인동덩굴	35

쥐오줌풀	36
머위	37
민들레	38
은방울꽃	39
윤판나물	40
애기나리	41
얼레지	42
처녀치마	43
둥굴레	44
연령초	45
붓꽃	46
보춘화	47
개불알꽃	48
석곡	49

여름

범꼬리	50
패랭이꽃	51
술패랭이꽃	52
동자꽃	53
제비동자꽃	54
종덩굴	55

금꿩의다리	56
순채	57
물레나물	58
기린초	59
바위채송화	60
노루오줌	61
산수국	62

물매화	63
터리풀	64
벌노랑이	65
갈퀴나물	66
피뿌리풀	67
부처꽃	68
큰까치수염	69

누리장나무 70	솜다리 79	참나리 86
좀작살나무 71	뻐꾹채 80	맥문동 87
용머리 72	원추리 81	상사화 88
꿀풀 73	일월비비추 82	범부채 89
섬백리향 74	땅나리 83	해오라비난초 90
솔체꽃 75	솔나리 84	타래난초 91
초롱꽃 76	하늘나리 85	
금강초롱꽃 77		
엉겅퀴 78		

가을

투구꽃 92	해란초 106	절굿대 119
개버무리 93	마타리 107	벌개미취 120
가시연꽃 94	잔대 108	금불초 121
둥근잎꿩의비름 95	자주꽃방망이 109	쑥부쟁이 122
큰꿩의비름 96	더덕 110	곰취 123
오이풀 97	톱풀 111	각시취 124
이질풀 98	좀개미취 112	산부추 125
물봉선 99	해국 113	뻐꾹나리 126
칼잎용담 100	개미취 114	꽃무릇(석산) 127
어리연꽃 101	감국 115	닭의장풀 128
노랑어리연꽃 102	구절초 116	한란 129
층꽃나무 103	정령엉겅퀴 117	
배초향 104	고려엉겅퀴 118	
꽃향유 105		

복수초

미나리아재비과

Adonis amurensis Regel et Radde

우리나라 북부, 중부, 남부, 제주도의 높은 산 양지바른 곳에서 자라는 여러해살이풀이다. 줄기는 검은 밤색이고 짧으며 수염뿌리가 많다. 잎은 어긋나며 2~3번 깃모양으로 갈라지는 겹잎이다. 꽃은 3~4월경에 줄기 끝이나 가지 끝에서 한 송이씩 피며, 노란색이다. 복수초(福壽草)는 '복을 많이 받고 오래 살아라'는 뜻이 담겨 많은 사람들이 좋아한다. 새해가 시작될 때 피는 꽃이라 하여 원단화라고도 한다. 일찍 피는 만큼 시드는 시기도 이르다. 다른 봄꽃이 본격적으로 꽃망울을 틔울 무렵 복수초는 열매까지 맺고 잎이나 줄기는 흔적없이 사라진다. 심장을 강하게 하는 효과가 있다.

5~7월

꿩의바람꽃
Anemone raddeana Regel

미나리아재비과

5~7월

우리나라의 깊은 산 우거진 숲 속에서 자라는 여러해살이풀이다. 줄기는 가지가 갈라지지 않고 높이는 15~20cm까지 자라고 덩이뿌리가 통통하게 옆으로 자란다. 뿌리근처 잎은 꽃이 지고 난 다음에 자라고, 작은 잎은 긴 타원형이며 끝이 둔하고 윗부분에 불규칙하고 둔한 톱니가 있으며 3개로 깊게 갈라진다. 꽃은 4~5월에 줄기 끝에서 1개씩 피며 직경은 3~4cm로 하얗게 피는 꽃이 무척 깨끗해 보인다. 독이 있는 식물로 뿌리 줄기는 종기 또는 외상의 약으로 쓰이기도 한다.

매발톱꽃

미나리아재비과　*Aquilegia buergeriana* var. *oxysepala* Trautv. et C.A. Mey.

우리나라 북부, 중부, 남부, 제주도의 산지, 길가, 산골짜기의 양지바른 곳에서 자라는 여러해살이풀이다. 줄기는 가지가 갈라지며 매끈하고 둥근기둥모양이며 검은 밤색을 띤다. 높이는 60~120cm이다. 곧추서며 윗부분에서 가지를 치는데 털이 없거나 드물게 있다. 꽃은 4~7월에 가지 끝에서 밑을 향해 달리며, 잎아귀에서 2~5송이 모여피는데 보랏빛이 나는 밤색이다. 꽃잎 뒤쪽에 있는 네 개의 뿔모양이 매발톱같이 생겼다고 매발톱꽃이라 붙여졌다. 정원용으로 많이 사용하며, 식물 전체를 누두채라고 하며 약용으로 월경불순 등 부인병을 치료하는데 효과가 있다.

6~9월

동의나물

Caltha palustris L. var. *nipponica* H. Hara   미나리아재비과

6~8월

우리나라 북부, 중부, 남부의 비교적 높은 산지 또는 개울가, 습지에서 자라는 여러해살이풀이다. 뿌리줄기는 짧고 백색의 굵은 뿌리가 있다. 높이는 20~50cm에 이르며 가지를 치지 않거나 드물게 가지를 치는데 털이 없다. 꽃은 4~5월에 줄기 끝에서 2~4개씩 달리며 노란색을 띤다. 강원도 일부 지역에서는 얼개지 또는 얼갱이라고도 한다. 습지나 연못주변의 정원용 소재로 많이 쓰인다. 뿌리는 타박상에, 잎은 현기증을 치료하는데 효과가 있다고 한다.

| 장소 | 날짜 |

노루귀

미나리아재비과

Hepatica asiatica Nakai

우리나라 북부, 중부, 남부, 제주도의 산지 숲 속에서 자라는 여러해살이풀이다. 잎은 뿌리에서 나며 3~6장이며, 높이는 8~20cm이다. 뿌리줄기는 가늘고 길며 줄기에서 수염뿌리가 많이 난다. 잎은 심장모양으로 3개로 갈라지며 독을 지니고 있다. 꽃은 3~5월에 잎보다 먼저 핀다. 뿌리줄기에서 나온 긴 꽃이 6~11개이고 긴 타원형이다. 꽃잎은 없고 수꽃술은 여러 개이다. 노루귀라는 이름은 잎이 깔때기모양으로 말려서 나온 모습이 마치 노루의 귀를 닮았다 하여 붙여졌다. 관상용으로 많이 쓰인다.

4~6월

장소	날짜

모데미풀
Megaleranthis saniculifolia Ohwi   미나리아재비과

5~7월

우리나라 깊은 산 습지 또는 능선 근처의 다소 습기가 있는 곳에서 자라는 쌍떡잎식물로 여러해살이풀이다. 뿌리에서 여러 개의 줄기와 잎이 모여난다. 줄기는 높이 20~40cm이다. 잎은 모두 뿌리에서 나오고 양면에 털이 없고 잎 가장자리에는 끝이 뾰족한 톱니가 있다. 꽃은 4~5월에 피며 백색이고 중앙부에서 1개의 화편이 나와 끝에 1개의 꽃이 달린다. 모데미풀은 지리산 운봉의 모데미 마을에서 처음 발견해서 붙여진 이름이다. 한국 특산식물이다.

| 장소 | 날짜 |

할미꽃

미나리아재비과 *Pulsatilla cernua* (Thunb.) Bercht. et Opiz var. *Koreana* Yabe ex Nakai

우리나라 산과 들의 양지바른 곳에 흔히 자라는 여러해살이풀이다. 뿌리는 굵고 길며 검은 밤색이다. 줄기는 높이 20~30cm이며 곧고 흰 비단털이 있다. 잎은 뿌리에서 여러 장이 나고, 작은잎 5장으로 이루어졌다. 꽃은 4~5월에 줄기 끝에서 1개씩 아래를 향해 피는데 짙은 자주색이다. 꽃이 지고 열매가 맺히면 그 열매에 달린 흰털이 할머니의 새하얀 머리와 같다고 하여 붙여졌다. 유사종으로 가는잎할미꽃, 세잎할미꽃, 동강할미꽃 등이 있다. 뿌리는 해독의 효능이 있고 꽃은 학질, 두창을 치료한다.

5~7월

삼지구엽초

Epimedium koreanum Nakai

매자나무과

7~9월

우리나라 중부 이북의 산기슭, 산골짜기의 반 그늘진 곳이나 트인 곳에서 자라는 여러해살이풀이다. 뿌리줄기는 옆으로 뻗으며 거기에서 수염뿌리가 많이 나온다. 줄기는 높이가 20~30cm까지 자라며 어린시기에 털이 있으나 자라면서 없어진다. 꽃은 4~5월경에 가지 끝에서 여러 송이 모여 피는데 흰색 또는 황백색이며 아래를 향해 핀다. 열매는 9월경에 익는데 두 개의 조각으로 갈라진다. 가지가 셋으로 나와 아홉 장의 잎이 달리므로 삼지구엽초 하는데 한방에서는 음양곽이라 한다. 말린 잎은 약효가 뛰어나기 때문에 강정제로 쓴다.

장소	날짜

깽깽이풀

매자나무과 *Jeffersonia dubia* (Maxim.) Benth. et Hook. fil. ex Baker et S. Moore

우리나라 북부, 중부의 산기슭, 산골짜기에서 자라는 여러해살이풀이다. 뿌리줄기는 가늘고 긴데 옆으로 뻗으며 수염뿌리가 많다. 줄기는 없으며 뿌리목에 비늘잎이 붙어있다. 꽃은 잎이 나오기 전인 4월경에 뿌리에서 나온 긴 꽃대에 한 송이씩 피는데 연한 보라색을 띤 붉은색이다. 열매는 넓은 타원형이며 부리모양의 뿔이 있고 익으면 두 개의 조각으로 벌어진다. 관상가치가 매우 뛰어난 풀로 습기가 약간 있고 유기질이 풍부한 반그늘을 좋아한다. 뿌리줄기를 달인 액은 눈병에 효과가 있다.

5~7월

으름덩굴

Akebia quinata (Thunb.) Decne.

으름덩굴과

8~10월

우리나라의 우거진 숲 속이나 숲 가장자리에서 자라는 잎이 지는 관목 덩굴 식물이다. 줄기는 10~20m까지 자란다. 잎은 어긋나며, 작은잎 5장으로 이루어진 겹잎이다. 작은잎은 끝이 오목하고, 가장자리가 밋밋하다. 꽃은 4~5월경에 보라색 꽃이 잎사귀에서 나온 꽃줄기 끝에 여러 송이가 매달려 핀다. 향기가 무척 좋으며 가을에 익는 열매가 특히 아름답다. 관상용으로 많이 쓰이고 있고 줄기는 생활용품(소쿠리) 재료로 많이 쓰인다. 줄기는 요도염 및 방광염에 효과가 있다고 한다.

장소	날짜

홀아비꽃대

홀아비꽃대과

Chloranthus japonicus Siebold

우리나라 산지의 나무 그늘에서 드물게 자라는 여러해살이풀이다. 줄기는 높이 20~40cm이고 밑부분의 마디에 비늘 같은 잎이 달려 있으며 근경은 마디가 많고 흔히 덩어리처럼 되어 있다. 잎은 줄기 끝에 4개가 모여나며 난형 또는 타원형이며, 가장자리에 날카로운 톱니가 있다. 꽃은 4~5월에 줄기 끝에 피며 백색이다. 꽃받침잎과 꽃잎은 없다. 열매는 둥글다. 관상용으로 많이 쓰인다. 뿌리를 말린 것은 해독에 효능이 있다.

6~8월

족도리풀

Asarum sieboldii Miq.

쥐방울덩굴과

7~9월

우리나라 북부, 중부, 남부의 산기슭, 산골짜기의 나무 그늘에서 잘 자라는 여러해살이풀이다. 줄기에는 짧은 마디들이 있고 잔뿌리가 많이 나온다. 잎은 보통 뿌리줄기에서 두 개씩(때로는 여러 개) 나오며 잔털이 있는 긴 잎꼭지가 있다. 꽃은 4~5월에 뿌리부근에 검붉은가지색으로 피는데 짧은 꽃꼭지가 있다. 신부 머리에 쓰는 족도리를 연상시키는데서 우리말 이름이 유래하였다. 자주색의 꽃은 독이 있고 뿌리와 열매는 진통, 이뇨, 감기 등의 약재로 쓰인다.

장소	날짜

애기똥풀

양귀비과

Chelidonium majus L. var. *asiaticum* (H. Hara) Ohwi

우리나라의 산과 들 또는 숲 가장자리에서 흔하게 자라는 두해살이풀이다. 줄기는 가지가 갈라지며, 연약하고 높이는 30~70cm 정도까지 자라고 원줄기는 곧게 땅속 깊이까지 들어간다. 전체에 연한 털이 많이 나 있고 원줄기와 잎은 분칠한 듯한 흰색이다. 줄기나 잎을 자르면 노란색 액이 나오기 때문에 애기똥풀이란 이름을 가졌다. 꽃은 주로 4~5월에 피지만 8월까지도 볼 수 있으며 원줄기와 가지 끝에 노란색 꽃이 핀다. 풀 전체를 십이지장염, 궤양, 버짐 등에 약재로 쓴다.

5~8월

장소	날짜

현호색
Corydalis turtschaninovii

현호색과

5~7월

우리나라 북부, 중부, 남부의 산기슭, 들의 산지의 약간 습기가 있는 곳 근처에서 자라는 여러해살이풀이다. 땅속에 직경 약 1cm 안팎의 둥근덩이줄기가 있으며 거기에서 한 개의 줄기가 나온다. 줄기는 높이 약 20cm이고 줄기 밑에 한 개의 큰 비늘잎이 있는데 거기에서 가지를 친다. 잎은 두 번 세 갈래로 갈라진 겹잎이며 원형 또는 타원형이고 변두리는 얕게 갈라지거나 갈라지지 않는다. 꽃은 4~5월경 연붉은 가지색의 꽃이 옆을 향하여 핀다. 열매는 길쭉한 튀는 열매이며 길이 1~2cm이고 그 속에 윤기 나는 씨앗이 여러 개 들어 있다. 덩이줄기는 진통에 효능이 있다.

장소	날짜

금낭화

현호색과

Dicentra spectabilis (L.) Lem.

우리나라의 마을주변, 공원, 유원지, 중부 지방의 산지 자갈밭에 주로 분포되어 있는 여러해살이풀이다. 줄기는 곧추서며, 높이는 60cm 안팎이다. 가지가 갈라지기도 한다. 잎은 어긋나며, 2~3번 깃꼴로 갈라지는 겹잎이다. 꽃은 5~6월에 주머니모양의 불그스름한 고운 꽃이 한쪽으로 치우쳐 핀다. 꽃갓은 납작한 심장모양이다. 열매는 긴 타원형이고 7월경에 씨앗이 여문다. 꽃의 생김새가 퍽 아름답고 정원용 소재로 많이 쓰인다. 뿌리줄기는 해독의 효능이 있고 여러 가지 종창을 치료한다.

6~8월

히어리
Corylopsis coreana Uyeki

조록나무과

7~9월

우리나라 전라남도, 경상남도 등 지리산 지역에서 주로 자라는 낙엽이 지는 관목이다. 줄기는 높이가 2m가 넘게 자라기도 한다. 잎은 어긋나며 원형이고, 가장자리에는 물결모양의 뾰족한 톱니가 있다. 가녀린 가지는 암갈색 또는 황갈색으로 털이 없다. 꽃은 3~4월에 노란꽃이 잎보다 먼저 피며 개나리와 흡사하다. 열매는 둥글고 털이 많다. 전남 송광사 부근에서 처음 발견했기 때문에 송광납판화라고도 불리운다. 한국 특산식물로 관상가치가 높다. 뿌리 껍질은 오한발열에 효과가 있다.

| 장소 | 날짜 |

범의귀과

돌단풍

Aceriphyllum rossii (Oliv.) Engl.

우리나라 중부 이북 지방의 냇가 바위틈에서 자라는 여러해살이풀이다. 뿌리줄기는 굵다. 잎은 뿌리에서 모여 나며, 여러 갈래로 갈라진 단풍잎모양이며 가장자리에 잔 톱니가 있다. 잎자루는 길다. 꽃은 4~5월에 꽃줄기에서 피며 30cm 정도의 높이로 자라며 연한 붉은 색을 띤 흰색이다. 꽃받침잎은 5~6장이며, 긴 난형이고, 흰색이며 끝이 뾰족하다. 열매는 난형이고 성숙하면 2개로 갈라진다. 정원용 소재로 많이 쓰인다. 가을에 약간 붉은색으로 단풍이 곱게 든다. 단풍이 곱게 물들기 때문에 돌단풍이란 이름이 붙여졌다.

6~8월

양지꽃
Potentilla fragarioides L. var. *major* Maxim.

장미과

5~8월

우리나라의 산과 들 볕이 잘 드는 풀밭에 흔히 자라는 여러해살이풀이다. 줄기는 비스듬히 서며 길이는 30~50cm 정도까지 자라고 전체에 털이 많다. 꽃줄기는 약하고 여린 듯 보이지만 무더기로 올라와 자란다. 뿌리는 약간 굵고, 뿌리잎은 여러 장이 사방으로 퍼지며 겹잎이다. 줄기잎은 작은잎 3장으로 이루어진 겹잎이다. 꽃은 4~6월에 줄기 끝에 노란색으로 피며 꽃이 지면서 씨앗이 여문다. 양지바른 곳에서 잘 볼 수 있어 붙여졌다. 어린순은 나물로 먹고 지상부는 소화력을 높이는데 쓰인다.

장소	날짜

병아리꽃나무

장미과
Rhodotypos scandens (Thunb.) Makino

우리나라의 바닷가 근처 산 또는 섬에서 자라는 낙엽 관목이다. 줄기는 모여나며 높이는 2m 정도까지 자란다. 잎은 마주나며 난형이며 가장자리에 겹톱니가 있다. 봄에 하얗게 피는 꽃이 무척 화려하고 귀엽게 생겨 병아리를 닮았다고 하여 이름이 붙여졌다. 꽃은 4~5월에 가지 끝에 1개씩 달리며 흰색이며 꽃잎은 4개이다. 열매는 검게 익으며 광택이 있다. 정원용 소재로 쓰인다. 열매와 뿌리는 보신의 효능이 있다고 한다.

8~10월

조팝나무

Spiraea prunifolia Siebold et Zucc. for. *simpliciflora* Nakai

장미과

8~10월

제주도와 북부 지방의 고산 지대를 제외한 우리나라의 양지바른 산야에서 흔하게 자라는 낙엽지는 관목이다. 줄기는 모여나며, 높이는 1.5~2m 정도이다. 잎은 어긋나며 타원형 또는 난형이다. 꽃은 4월 초순부터 5월 하순에 줄기 위쪽에 하얀 작은 꽃이 모여 달린다. 꽃잎은 5장이며 열매는 9월에 익는다. 꽃이 핀 모양이 튀긴 좁쌀을 나뭇가지에 붙인 것처럼 보여 조밥나무 또는 조팝나무라고 부른다. 정원용 소재로 쓰인다. 어린순은 나물로 먹기도 한다. 뿌리는 해열과 설사 등에 효능이 있다.

팥꽃나무

팥꽃나무과

Daphne genkwa Siebold et Zucc.

우리나라 서해안과 남부 지방의 바닷가 산기슭 근처에서 자라는 낙엽지는 관목이다. 줄기는 높이 1m 정도이다. 잎은 마주나며, 가장자리가 밋밋하다. 작은 가지는 암갈색이고 꽃이 팥꽃과 비슷하게 생겨 팥꽃나무라 한다. 꽃은 3~5월에 잎보다 먼저 피며 지난해 가지 끝에 3~7개씩 달리며 연한 붉은 색이다. 열매는 둥글며 7월에 흰색으로 익는다. 꽃이 무척 곱기 때문에 정원용으로서 가치가 높다. 꽃봉오리는 식중독에, 뿌리는 치질을 치료하는데 효능이 있다.

6~8월

| 장소 | 날짜 |

졸방제비꽃
Viola acuminata Ledeb.

제비꽃과

5~7월

우리나라의 산과 들에 흔하게 자라는 여러해살이풀이다. 줄기는 곧추서고, 여러 대가 밑에서 올라 오고, 높이는 20~40cm 정도이다. 잎은 어긋나며 심장형 또는 타원형이고, 가장자리에 뭉툭한 톱니가 있다. 잎자루는 길다. 꽃은 4~6월에 흰색으로 하얗게 피고 꽃잎에 자주색 줄무늬가 있다. 열매는 익으면 3개로 갈라진다. 잎에 비해서 꽃은 무척 작은 편이다. 어린잎은 식용하며, 해독과 통증을 완화시킨다.

흰젖제비꽃

제비꽃과

Viola lactiflora Nakai

우리나라의 산과 들에 햇빛이 잘 드는 약간 습한 곳에서 잘 자라는 여러해살이풀이다. 줄기는 없으며 높이는 10~15cm이고 뿌리는 흑갈색으로 짧은 편이다. 잎은 모여나며 세모난 긴 타원형인 잎은 뿌리에서 바로 나와 자라며, 가장자리에 톱니가 있다. 흰제비꽃보다 잎이 넓고, 잎자루에 날개가 없다. 꽃은 4~5월에 잎 사이에서 난 꽃줄기 위에 1개씩 달리고, 하얗게 피는 꽃이 무척 아름답다. 꽃잎은 타원형이다. 열매는 긴 타원형이고, 삼각형모양이다.

5~7월

진달래
Rhododendron mucronulatum Turcz.

진달래과

©황환주

5~7월

우리나라의 산과 들의 양지바른 곳에서 흔하게 자라는 잎이 지는 떨기나무이다. 줄기는 가지가 많이 갈라지고, 높이는 1~3m 정도이다. 잎은 어긋나며, 타원형이다. 꽃은 3~5월에 잎보다 먼저 피며 가지 끝에 1~5개씩 달리고, 연한 분홍색이다. 추위가 가시기 전 양지바른 곳에서부터 피기 시작하는 우리나라의 대표적인 봄꽃이다. 꽃을 먹을 수 있기 때문에 참꽃이라고도 하며 두견새의 입속처럼 붉다고 하여 두견화라고도 한다. 진달래와 철쭉을 구별하는 방법은 진달래는 꽃이 먼저 피고, 철쭉은 잎과 함께 꽃이 핀다. 줄기와 잎은 타박상에 효능이 있다.

장소	날짜

앵초과

앵초
Primula sieboldii E. Morren

제주도를 제외한 우리나라의 거의 모든 지역 산골짜기의 비교적 습기가 많은 곳에서 자라는 여러해살이풀이다. 전체에 부드러운 털이 있다. 뿌리줄기는 짧고 옆으로 비스듬히 서며 잔뿌리가 많다. 잎은 뿌리에서 모여 나며 타원형이고, 잎자루가 긴 편이다. 잎 가장자리는 갈라지고 톱니가 있다. 꽃은 4월 초순부터 5월 초순에 길게 나온 꽃대 끝에 여러 개씩 모여 붉은 보라색으로 피는데 드물게는 하얗게 피는 것도 있다. 유사종으로 설앵초, 큰앵초가 있다. 관상가치가 높아서 분화용으로 많이 이용된다. 뿌리는 오래된 기침을 치료하는데 효능이 있다.

7~9월

장소	날짜

때죽나무

Styrax japonicus Siebol et Zucc.

때죽나무과

8~10월

우리나라 중부, 남부와 제주도의 바닷가 산지의 숲 속에 자라는 잎이 지는 키나무이다. 7~10m 높이의 줄기는 곧추서며 가지를 많이 치며 흑갈색이 난다. 잎은 어긋나며 난형 또는 긴 타원형이다. 꽃은 5~6월경에 작은 가지 끝이나 잎아귀에서 1~4송이 정도 피는데 흰색이며 꼭지(길이 2~3cm)가 있다. 열매는 둥글며 완전히 익으면 껍질이 벗겨지고 씨가 나온다. 나무에 독이 있으며 수형이 좋아 정원용 소재로 많이 활용되고 있다. 꽃을 뱀에 물린데 약으로 쓰기도 한다.

| 장소 | 날짜 |

미선나무

물푸레나무과

Abeliophyllum distichum Nakai

북한산, 전라북도 변산반도, 충청북도 괴산, 영동, 진천 등 중부 지방 이남의 바닷가 숲 속에서 드물게 자라는 한국 특산식물로 잎이 지는 소관목이다. 줄기는 사각형으로 가지 끝이 처지며 높이는 1~2m 정도 자란다. 잎은 마주나며 난형이다. 3월 중순부터 4월 중순경 흰색 또는 연한 분홍색으로 피는 꽃이 무척 화려하다. 열매는 둥근 부채모양이고, 익어도 저절로 터지지 않는다. 군락지가 천연기념물로 지정된 희귀 식물로 세계적으로 1속 1종이며 꽃의 색깔에 따라 푸른미선, 상아미선, 분홍미선으로 구분한다.

7~9월

만리화
Forsythia ovata Nakai　　　　　　　　　　　　　　　물푸레나무과

8~10월

우리나라의 강원도, 경상북도, 황해도의 비교적 높은 산에 자라는 잎이 지는 소관목으로 한국 특산식물이다. 줄기는 옆으로 가지가 많이 갈라져 옆으로 퍼지기는 하지만 아래로 늘어지지는 않는다. 높이는 1~2m 정도이다. 마주나는 잎이 윤기가 있고 넓은 난형이다. 양면에 털이 없다. 끝이 뾰족하고, 가장자리에 톱니가 있다. 꽃은 4월 하순부터 5월 초순에 잎보다 먼저 잎겨드랑이에 1개씩 달리고 노란색을 띤다. 열매는 난형이고 10월에 익는다. 정원용 소재로 쓰인다.

인동덩굴

인동과

Lonicera japonica Thunb. ex Murray

우리나라 북부 지방의 높은 산지를 제외한 산기슭, 들판의 양지바른 곳에서 자라는 잎이 지는 떨기나무이다. 줄기는 길이가 4~5m 정도 덩굴져 자라며 연한 밤색털과 샘털이 배게 나있다. 잎은 마주나며 넓은 피침형 또는 타원형이다. 꽃은 5~8월에 잎겨드랑이에서 보통 1~2송이씩 피는데 처음에 흰색이던 것이 나중에는 누런색으로 변하며 꼭지가 있다. 꽃받침은 털이 없다. 열매는 둥글고 9~10월에 흑색으로 익는다. 향기가 좋으며 꽃이 질 때는 노란색으로 변하여 금은화라고도 한다. 정원용 소재로 쓰인다. 팔다리가 아프고 옆구리가 결리고 속이 답답할 때 다려서 약재로 많이 활용한다.

8~10월

장소	날짜

쥐오줌풀
Valeriana fauriei Briq.

마타리과

5~9월

우리나라 산 속의 습기가 있는 풀밭의 그늘에서 잘 자라는 여러해살이풀이다. 줄기는 곧추서며 마디부근에 돌기모양의 흰색 털이 있다. 높이는 50~80cm 정도 자란다. 뿌리에서 나온 잎은 꽃이 필 때 쯤 없어지고, 줄기에서 나온 잎은 마주나고 5~7개로 갈라진다. 줄기의 밑부분 잎에는 잎자루가 있으나 윗부분의 잎에는 없다. 꽃은 4~7월경 줄기와 가지 끝에서 피는데 연한 붉은색이며 짧은 꼭지가 있다. 뿌리에서 강한 오줌 냄새가 난다 하여 쥐오줌풀이라는 이름이 붙여졌다. 어린잎은 나물로 먹고 뿌리를 담배의 향료로도 쓴다.

장소	날짜

머위

국화과

Petasites japonicus (Siebold et Zucc.) Maxim.

우리나라 습기 있는 들에서 자라는 여러해살이풀이다. 굵은 땅속줄기가 사방으로 뻗으면서 자란다. 뿌리잎은 잎자루가 길고 가장자리에 톱니가 있고 전체적으로 털이 있다. 이른봄 4월쯤에 꽃이 피며 잎보다 먼저 꽃줄기가 자란다. 꽃은 큰 비늘과 같이 생긴 받침 잎에 둘러싸여 땅위로 뭉실하게 나오는데, 꽃잎은 없고, 여러 송이가 둥글게 뭉친다. 암꽃의 빛깔은 희고 수꽃은 연한 노란빛이다. 암꽃과 수꽃이 각기 다른 포기에서 핀다. 왕성한 번식력으로 집 주변에 심어 가꾸는 일이 많다. 해독작용이 있으며 꽃이삭과 뿌리를 건위약과 땀내는 약으로 써왔다.

4~7월

민들레

Taraxacum mongolicum Hand.-Mazz.

국화과

4~6월

우리나라 각지의 길가, 들판의 양지바른 곳 어디서나 잘 자라는 여러해살이풀이다. 이른봄에 깃털 모양으로 갈라진 잎은 뿌리에서 모여나며 긴 타원형이고, 갈라진 조각은 삼각형이며 끝이 날카롭고, 위쪽은 이빨모양의 톱니가 있으며 꽃줄기는 약 30cm이다. 꽃은 3~5월에 뿌리잎 사이에서 나온 긴 꽃대 끝에서 노란색의 꽃이 핀다. 열매는 갈색이 돌고 긴 타원형이다. 하늘에서 쏟아진 별이 꽃이 되었다는 전설을 가진 민들레는 잎은 식용하며, 뿌리는 한방에서 해열 · 건위제 등으로 약용한다.

은방울꽃

백합과

Convallaria majalis L.

우리나라 제주도를 제외한 산지의 응달진 숲속에서 무리 지어 자라는 여러해살이풀이다. 뿌리줄기는 가늘고 길며 군데군데에서 지상으로 새순이 나오며 밑부분에 수염뿌리가 많이 붙어 있다. 잎은 2~3개가 아래쪽에서 나며, 긴 타원형이다. 잎은 앞면은 짙은 녹색이며, 뒷면은 흰빛이 도는 녹색이다. 꽃은 4~6월경에 꽃줄기의 윗부분에서 흰색으로 핀다. 유럽사람들은 5월의 꽃으로 마음에 두고 있는 사람에게 이 꽃을 전하면 사랑이 이루어진다고 한다. 은은한 향기가 있어 누구나 좋아하지만 독이 있으므로 주의해야 한다. 한방에서 열매를 강심제나 이뇨제, 뿌리는 종기나 타박상에 효험이 있다.

7~9월

장소	날짜

윤판나물
Disporum uniflorum Baker ex S. Moore   백합과

7~9월

우리나라 제주도와 울릉도를 제외한 깊은 산 숲 속에서 자라는 여러해살이풀이다. 땅속줄기는 짧고 옆으로 뻗으면서 자라기도 한다. 줄기는 곧추서며, 위쪽에서 가지가 갈라지고 높이는 30~50cm다. 잎은 어긋나며, 긴 타원형이다. 꽃은 4~5월에 연한 황색 가지 끝에 2~3개의 꽃이 달리며 땅을 향해 피며 노란색이다. 열매는 둥글며 흑색으로 익는다. 식용으로 쓰기도 하며 근래에는 관상용으로 많이 사용되고 있다. 뿌리줄기는 장염, 치질을 치료하는데 효능이 있다.

애기나리

백합과

Disporum smilacinum A. Gray

우리나라의 깊은 산 숲 속에서 자라는 여러해살이풀이다. 땅속줄기는 짧다. 뿌리줄기는 비스듬히 서며, 드물게 가지가 갈라지며, 높이는 20~40cm까지 자란다. 열매를 맺는 유성개체와 열매를 맺지 않는 무성개체가 있다. 잎은 어긋나게 붙고 조금 긴 타원형 또는 타원형인데 끝이 날카롭고 뾰족하다. 꽃은 5~6월에 줄기나 가지 끝에서 1~2개씩 밑을 향해 넓은 종모양의 꽃이 피며 흰색이다. 열매는 둥글며 흑색으로 익는다. 정원용 소재로 쓰인다. 어린잎을 식용으로 하고 천식이나 가래에 약재로 쓰기도 한다.

7~9월

얼레지
Erythronium japonicum Dence.

백합과

4~6월

우리나라 제주도를 제외한 전국의 산 비옥한 땅에서 자라는 여러해살이풀이다. 뿌리줄기는 20cm쯤으로 길며 그 밑에 비늘줄기가 달린다. 잎은 꽃줄기 밑에 보통 2개가 달리며, 긴 타원형이며 가장자리가 밋밋하다. 꽃은 꽃줄기 끝에 1개씩 피며, 밑을 향하고 붉은 보라색이다. 꽃이 필 때까지 기간이 너무 길어(5~6년) 많은 사람들을 안타깝게 한다. 잎에 얼룩무늬가 있어 얼랭이, 얼러지라고 한다. 강원도에서 봄철에 잎을 잘라 묵나물로 하고 이것으로 끓인 국은 미역국 맛이 난다 하여 미역취라 부르기도 한다. 비늘줄기는 약초로서 강장제 · 위장약 · 해독제에 사용된다.

장소	날짜

처녀치마

백합과

Heloniopsis orientalis (Thunb.) Tanaka

우리나라의 높은 산 계곡 주변과 능선에서 자라는 여러해살이풀이다. 땅속줄기는 짧고 크며 곧고 수염뿌리가 많다. 잎은 뿌리에서 모여나며, 끝이 뾰족하고 털이 없다. 꽃은 흰색이나 엷은 홍자색으로 4~7월에 3~10개가 줄기 끝에 달린다. 꽃줄기는 곧추서고 높이 약 17㎝ 내외이다. 꽃은 처음에는 붉은색이나 나중에 진한 보라색으로 변한다. 처녀치마란 잎이 땅바닥에 퍼져 있어 주름치마를 펼쳐 놓은 것 같다 하여 붙여졌다. 관상용으로 사용하며, 유사종으로 칠보치마가 있다.

4~6월

둥굴레
Polygonatum odoratum (Mill.) Druce var. *pluriflorum* (Miq.) Ohwi 백합과

8~10월

우리나라 북부, 중부, 남부의 산지 잡목림 숲에 자생하는 여러해살이풀이다. 뿌리줄기는 긴 둥근기둥모양이고 옆으로 길게 뻗으며 수염뿌리가 있다. 잎은 어긋나며 잎자루가 매우 짧고 난형 또는 긴 타원형이다. 꽃은 5~6월에 줄기 윗부분의 잎겨드랑이에서 보통 1송이씩 피는데 연한풀색이며 꼭지가 있다. 열매는 둥글고 검게 익는다. 어린잎은 식용한다. 뿌리줄기는 식용 및 자양강장제로 사용한다. 잎이 대나무를 닮아 옥죽이라고도 한다. 최근에 차로 개발되어 식음수로 사용하기도 한다.

장소	날짜

연령초

백합과

Trillium kamtschaticum Pall. ex Pursh

우리나라 중부 지방 이북의 높은 산 숲 속에서 자라는 여러해살이풀이다. 뿌리줄기는 짧고 굵으며 땅속 깊이 들어간다. 줄기는 곧추서며 보통 2대가 모여나고 높이는 20~40cm까지 자란다. 잎은 줄기 끝에 돌려나며, 넓은 난형으로 마름모모양이고, 끝이 뾰족하고 가장자리가 밋밋하다. 원줄기 끝에서 잎자루가 없는 3개의 잎이 돌려나며, 타원형이다. 꽃은 5~6월에 세 잎의 중앙부에 하나의 꽃대에서 흰색으로 핀다. 열매는 둥글다. 잎은 독성이 강해서 먹지 못한다. 뿌리줄기는 고혈압, 두통, 타박상에 효능이 있다.

8~10월

붓꽃
Iris sanguinea Donn ex Hornem.　　　　　　　　　　　붓꽃과

6~8월

우리나라의 산과 들에서 자라는 여러해살이풀이다. 뿌리줄기는 옆으로 뻗으면서 새싹이 나오며 잔뿌리가 많이 내린다. 줄기는 곧추서며 여러 대가 모여나고 높이가 60cm에 달하며 산성 토양에서 잘 자라며 양지바르고 건조하지 않은 곳에서 자생한다. 꽃은 5~6월에 꽃줄기 끝에서 8~10cm 정도의 크기로 2~3개씩 모여서 피며 자주색이다. 꽃줄기는 속이 비어 있다. 열매는 삼각형 모양이다. 정원용 소재로 많이 사용한다. 유사종으로 각시붓꽃 · 부채붓꽃 · 제비붓꽃 · 꽃창포 등이 있다.

보춘화

난초과

Cymbidium goeringii (Rchb. fil.) Rchb. fil.

우리나라 중부 지방 이남의 산에서 자라는 여러해살이 풀이다. 뿌리는 여러 개가 사방으로 길게 뻗으며 흰색이다. 잎은 녹색이고 밑에서 모여나며, 선 모양으로 길이 20~35cm, 폭 0.5~1.0cm이고 가장자리에 거칠고 작은 톱니가 있다. 꽃은 3~5월에 연한 황녹색 꽃이 꽃대 끝에서 한 송이씩 피는데 안쪽 꽃잎은 오므린 듯 보이고 아래 꽃술에는 자주색 무늬가 있다. 이른 봄에 꽃이 피어 봄을 알리는 꽃이라는 우리말 이름이 붙여졌으며 흔히 춘란이라고도 한다. 변종에 따라 비싼 값에 판매되기도 한다.

7~9월

개불알꽃

Cypripedium macranthum Sw.

난초과

7~9월

우리나라 제주도와 울릉도를 제외한 야산이나 높은 산 양지에서 자라는 여러해살이풀이다. 뿌리줄기는 짧고, 옆으로 뻗으며, 조금 굵고 단단하다. 줄기는 곧추서며 높이는 30~50cm이며 털이 있다. 잎은 줄기에 3~5장이 어긋나며, 넓은 타원형이고 줄기를 싸며 끝이 날카롭다. 꽃은 5~6월에 줄기 끝에서 1개씩 피며 연한 분홍색 또는 붉은 보라색이다. 생육조건이 까다로워 기르기가 무척 어려운 이 꽃은 꽃의 모양이 개의 불알처럼 생겼다고 하여 붙여진 이름이다. 지방에 따라 까마귀오줌통이라고도 하며 그냥 불알꽃이라고도 한다. 멸종위기 식물이다.

장소	날짜

난초과

석곡
Dendrobium monile

우리나라의 제주도, 남부지방의 나무줄기 또는 바위에 붙어서 자라는 상록성 여러해살이풀이다. 뿌리줄기에서 굵은 뿌리가 나오고, 원줄기는 굵으며 곧게 자란다. 높이 20cm 정도이다. 오래된 줄기는 잎이 없고 마디만 있으며, 녹색을 띤 갈색이다. 잎은 어긋나고 피침형이며 2~3년이면 떨어진다. 꽃은 5~6월에 지름 3cm로 원줄기 끝에서 흰색 또는 연한 빨강으로 피고, 1~2개가 꽃줄기에 달리며 향기가 있다. 관상용으로 사용된다. 한방에서는 뿌리를 제외한 식물체 전체를 약재로 쓰는데 해열, 진통 작용이 있으며 백내장에 효과가 있고 건위제 및 강장제로 사용한다.

9~10월

장소　　　　　　　　　날짜

범꼬리
Bistorta major S.F. Gray var. *japonica* H. Hara

여뀌과

8~10월

우리나라 북부, 중부, 남부의 산기슭의 양지바른 곳에서 비교적 흔하게 자라는 여러해살이풀이다. 뿌리줄기는 굵고 짧으며, 많은 잔뿌리가 달린다. 줄기는 곧게선다. 뿌리에서 난 잎은 자루가 길고 긴 타원형이며, 그 끝은 뾰족하다. 잎 뒷면에 백색의 털이 있다. 높이는 50~120cm이고 뿌리에서 나오는 굵은 줄기가 있고 햇볕을 좋아한다. 잎은 여러 개가 뭉쳐서 나고 6~7월에 연한 분홍색 또는 흰색의 꽃이 핀다. 뿌리는 타닌을 함유하고 있으며, 해열 등의 효능이 있어 한방에서는 파상풍·장염·이질·림프선종 등의 치료제로 쓰인다.

패랭이꽃
Dianthus chinensis L.

석죽과

우리나라의 양지바른 들, 산기슭 등 건조한 곳에 흔하게 자라는 여러해살이풀이다. 줄기는 여러 대가 모여나며 포기를 이룬다. 높이는 30cm 안팎이다. 잎은 마주나고 선형 또는 피침형으로 밑부분이 서로 합쳐져 짧게 통처럼 된다. 잎끝은 뾰족하고 변두리는 매끈하다. 꽃은 6~8월경에 갈라진 가지 끝에서 1개씩 핀다. 꽃받침은 짧은 원통형으로 끝이 5개로 갈라진다. 꽃잎의 끝부분은 날카로운 톱니모양이다. 옛날 신분이 낮은 사람이나 상제가 쓰던 갓 패랭이를 닮았다고 하여 붙여졌다고 한다. 관상용으로 많이 사용하고 있다.

7~11월

술패랭이꽃
Dianthus superbus L. var. *longicalycinus* (Maxim.) F.N. Wiliams 　　　석죽과

7~11월

우리나라 산지의 햇빛이 잘 드는 풀밭이나 들에서 비교적 흔하게 자라는 여러해살이풀이다. 줄기는 곧추서며 가지가 갈라지고, 높이는 20~60cm까지 자란다. 잎은 어긋나며 선형이다. 여러 줄기가 한 포기에서 모여 올라오고 전체가 하얀 분가루가 덮힌 모양이다. 마주나기로 붙는 잎은 끝이 뾰족하다. 꽃은 6~10월에 가지와 줄기 끝에 달리며 연보랏빛 또는 분홍색 꽃이 무리지어 핀다. 꽃받침은 통모양이고 끝이 5갈래이며 가는 맥이 많다. 9~10월에 열매가 익으며 향기가 무척 좋다. 패랭이꽃보다 꽃잎이 술처럼 가늘게 갈라져 술패랭이라 붙여졌다.

장소	날짜

동자꽃

석죽과

Lychnis cognata Maxim.

제주도를 제외한 우리나라 높은 산의 습기가 많은 풀밭에서 비교적 흔하게 자라는 여러해살이풀이다. 줄기는 몇 개씩 모여나며 곧게서고, 긴 털이 드문드문 있다. 높이는 40~120cm이고 마디가 뚜렷하다. 잎은 마주나며 잎자루가 없고 긴 타원형이고, 끝이 날카롭고 가장자리가 밋밋하며 톱니가 없다. 꽃은 6~8월에 줄기 끝과 잎겨드랑이에서 난 짧은 꽃자루에 한 개씩 주황색으로 핀다. 어린 동자승의 넋으로 피었다는 전설로 유명하다. 관상용으로 사용한다.

7~10월

제비동자꽃
Lychnis wilfordii Maxim.

석죽과

8~10월

우리나라 강원도 이북의 높은 산 습지에서 매우 드물게 자라는 여러해살이풀이다. 뿌리는 가늘고 길다. 줄기는 곧게서며 높이가 50~70cm 정도이고 전체에 털이 없거나 적다. 잎은 마주나며 잎자루가 없으며 가장자리에 털이 있다. 꽃은 7~8월에 짙은 홍색으로 원줄기 끝에 모여 피며 꽃잎이 제비의 꼬리처럼 깊게 갈라져 제비동자꽃이라 한다. 꽃잎은 5장으로 납작하게 벌어지고 끝이 깊게 두 갈래로 갈라져서 모두 아래쪽을 향해 핀다. 꽃이 화려하고 아름다워 정원용 소재로 많이 쓰이고 있다. 해열, 해독에 효능이 있다.

종덩굴

미나리아재비과

Clematis fusca Turcz. var. *violacea* Maxim.

우리나라 제주도를 제외한 전국의 숲 속에 비교적 드물게 자라는 낙엽지는 덩굴식물이다. 줄기는 길이가 2~3m정도며, 다른 물체를 타고 올라간다. 잎은 마주나고 5~7개의 작은잎으로 구성되며, 잎의 끝은 덩굴손으로 변하는 것도 있다. 작은잎은 타원형이고 길이는 3~6cm 정도이다. 잎의 앞면은 털이 없으나 뒷면에는 잔털이 있다. 꽃은 5~6월에 잎겨드랑이에서 밑을 향해 종모양으로 달리며 검은 빛을 띠는 자주색이다. 어린가지에 털이 약간 있다. 열매는 편평한 타원형이며 가을에 익는다. 관상용으로 많이 쓰이고 있다.

7~10월

장소　　　　　　　　　날짜

금꿩의다리
Thalictrum rochebrunianum Franch. et Sav. 미나리아재비과

8~11월

우리나라 중부 지방 이북의 산지 풀밭에서 비교적 드물게 자라는 여러해살이풀이다. 줄기는 곧추서며 높이는 70~100cm 정도이고, 가지가 갈라지며 보통 붉은빛을 띤다. 잎은 어긋나고 잎자루가 없으며 깃꼴로 갈라지는 겹잎이다. 작은잎은 난형이며 끝이 2~3갈래로 얕게 갈라진다. 꽃은 7~8월에 피며 꽃이 노랗고 분홍색으로 핀다고 하여 금꿩의다리라 한다. 한국 특산식물이다. 정원용 소재로 사용한다. 유사종으로 자주꿩의다리, 산꿩의다리, 연잎꿩의다리 등이 있다.

수련과

순채
Brasenia schreberi J.F. Gmel.

우리나라의 오래된 연못에 매우 드물게 자라는 여러해 살이풀이다. 중국 원산이다. 옛날에는 잎과 싹을 먹기 위해 논에서 재배하기도 하였다. 뿌리줄기는 땅속에서 옆으로 뻗으면서 길게 자라고 마디에서 수염뿌리와 줄기가 난다. 줄기는 가늘고 길며 가지가 드문드문 갈라진다. 잎은 어긋나고 물 위에 뜨고, 방패모양이고, 가장자리가 밋밋하며 잎자루는 길다. 잎 앞면은 녹색으로 윤기가 나며 뒷면은 보라색을 띤다. 꽃은 5~8월에 잎겨드랑이에서 나온 꽃자루 끝에 1개씩 피며 자갈색이다. 부규·순나물이라고도 한다. 어린잎은 지혈·이뇨에 약용한다.

8~10월

물레나물
Hypericum ascyron L.

물레나물과

8~10월

우리나라의 산이나 들의 양지바른 곳이나 습기가 비교적 많은 땅에서 잘 자라는 여러해살이풀이다. 줄기는 곧추서며 가지가 갈라지기도 하고, 높이는 50~100cm이고 식물전체에 털이 없다. 잎은 긴 타원형이며 잎 밑부분은 줄기를 둘러싼다. 원줄기가 네모지며 밑부분은 무척 딱딱해서 나무와 같다. 6월~8월 하순에 걸쳐 노란색 꽃이 가지 끝에 달리는데 그 모양이 물레모양으로 비틀어져 돌아가듯 보이므로 물레나물이라 한다. 정원용 소재로 사용한다. 어린잎은 식용으로 하고 전체를 고혈압, 각종 종기의 약재로 쓴다.

돌나물과

기린초
Sedum kamtschaticum Fisch.

우리나라 북부, 중부의 산기슭, 산중턱, 바위틈 등 양지 바른 곳에서 자라는 여러해살이풀이다. 줄기는 땅줄기에서 여러 대가 모여나며, 아래쪽이 구부러지며 붉은색이나 녹색이다. 높이는 30~40cm이다. 잎은 어긋나게 붙으며 긴 타원형이며 밑둥에서 약 절반 이상의 윗부분에만 무딘 톱니가 있다. 잎자루는 없다. 6~9월경 줄기 끝에 노란색 꽃이 핀다. 꽃잎은 피침형이며 끝이 뾰족하다. 추위, 더위 가릴 것 없이 잘 자라고 씨앗으로나 줄기로나 번식도 잘 된다. 정원용 소재로 사용한다. 연한순은 식용하며, 뿌리는 타박상과 해독에 효능이 있다.

6~9월

바위채송화
Sedum polytrichoides Hemsl.

돌나물과

6~9월

우리나라 산지의 바위 겉이나 바위 틈에 자라는 여러해살이풀이다. 줄기는 가지가 많이 갈라지고 높이는 10cm 안팎이다. 원줄기는 밑부분이 옆으로 뻗고 풀 전체 모양이 채송화와 비슷하다. 어긋나기로 붙는 잎은 끝이 가늘고 뾰족한데 통통하여 물기를 많이 머금고 있다. 꽃이 피지 않는 가지에는 잎이 매우 조밀하게 달린다. 꽃은 6~8월에 노란색 꽃으로 피고 대가 없으며 9월에 열매가 익는다. 꽃자루는 없다. 꽃받침은 깊게 갈라지며, 녹색이다. 정원용 소재로 많이 사용한다. 뿌리는 약용으로 쓰기도 하며 민간에서 강장, 종창 등의 약재로 쓰인다.

장소	날짜

노루오줌

범의귀과

Astilbe chinensis (Maxim.) Maxim. ex Franch. et Sav.

우리나라의 산기슭, 산비탈 등 부식질이 많고 습기가 많은 곳에서 비교적 흔하게 자라는 여러해살이풀이다. 줄기는 곧추서며 높이는 30~70cm이다. 긴 갈색의 털이 있고, 뿌리줄기는 굵으며 옆으로 짧게 뻗는다. 잎은 3개씩 2~3회 갈라지며 잎자루가 길다. 5~7월경 연붉은자주색의 작은 꽃이 피는데 원줄기 끝에 달리며, 길이는 15~30cm 정도로 많은 꽃이 달리며 짧은 털이 있다. 뿌리에서 암모니아 냄새가 심하게 난다고 하여 노루오줌이라 한다. 정원용 소재로 많이 이용한다. 뿌리줄기는 해독, 지통의 효능이 있다.

6~9월

산수국
Hydrangea serrata (Thunb.) Ser.

범의귀과

8~10월

우리나라 경기도 및 강원도 이남의 산지에서 자라는 잎이 지는 관목이다. 줄기는 높이가 60~80cm까지 자란다. 잎은 마주나며 긴 타원형 또는 난형이고, 끝은 약간 뾰족하며 가장자리에 예리한 톱니가 있다. 꽃은 7~8월에 가지 끝에 달리며 흰색, 붉은색, 하늘색이다. 산수국의 꽃은 특이하게 진짜꽃(유명화)과 가짜꽃(무성화)이 함께 달려있다. 화려해 보이는 가짜꽃은 진짜꽃처럼 보이지만 암술과 수술이 없다. 가짜꽃으로 곤충을 유혹해서 수정을 한다. 수정이 끝난 후 가짜꽃은 180도 회전을 하여 붉게 물든 후 최후를 맞는다. 정원용으로 많이 사용한다.

장소	날짜

물매화

범의귀과

Parnassia palustris L.

우리나라 산지의 볕이 잘드는 습지에서 자라지만 고산지대에서도 자라는 여러해살이풀이다. 줄기는 뭉쳐나고 곧게서며 높이가 10~40cm이다. 줄기에 달린 잎은 1개이고 밑부분이 줄기를 감싼다. 줄기의 중앙부에는 1개의 잎, 끝에는 1개의 꽃이 달린다. 꽃은 7~9월에 꽃줄기 끝에서 피고 흰색이며, 꽃받침잎은 5개로서 녹색이고 긴 타원형이다. 꽃의 지름은 2~2.5cm이다. 뿌리를 제외한 식물체 전체를 매화초라는 약재로 쓰며 종기, 급성간염, 맥관염에 효과가 있다. 풀매화, 물매화풀, 매화초라고도 한다.

9~10월

터리풀
Filipendula glaberrima (Nakai) Nakai 장미과

8~10월

제주도를 제외한 우리나라의 높은 산에서 비교적 흔하게 자라는 여러해살이풀이다. 전체에 거의 털이 없고, 줄기는 곧게서며 가늘고 길며 높이가 80~150cm이다. 잎은 어긋나고 잎자루가 길며 손바닥모양으로서 3~7개로 날카롭게 갈라지며 잎꼭지는 붉그스름하다. 꽃은 7~8월에 원줄기와 가지 끝에 하얀색 또는 붉은빛이 도는 흰색으로 핀다. 꽃의 모양이 털과 비슷하여 터리풀이라 한다. 꽃받침조각은 타원형으로서 끝이 뭉뚝하며, 꽃잎은 4~5개이고 둥근모양이다. 한국 특산식물이다. 정원수로 사용한다.

콩과

벌노랑이

Lotus corniculatus L. var. *japonicus* Regel

우리나라의 낮은 산자락 또는 들의 풀밭이나 바닷가 근처의 햇빛이 잘 드는 곳에서 자라는 여러해살이풀이다. 줄기는 높이 30~50cm까지 자라고 뿌리 밑부분에서 여러 갈래의 가지가 갈라져 나와 비스듬히 자란다. 잎은 어긋나며 작은잎 5장으로 된 겹잎이다. 꽃은 5~6월에 잎겨드랑이에서 난 꽃대 끝에 2~3개씩 달리며 노란색을 띤 나비모양으로 줄기 끝에 무리지어 핀다. 꽃자루는 거의 없으며, 꽃받침은 종모양으로 위쪽이 5갈래로 갈라진다. 열매는 둥근바늘모양이며 9~10월에 씨앗이 검게 익는다. 뿌리는 감기, 인후염에 효능이 있다.

6~8월

장소	날짜

갈퀴나물

Vicia amoena Fisch. ex DC.

콩과

9~10월

우리나라의 산과 들의 풀밭에 비교적 흔하게 자라는 여러해살이풀로 덩굴식물이다. 땅속줄기가 뻗으면서 번식을 하고 덩굴손이 다른 물체를 감으면서 80~180cm 정도로 자란다. 전체에 거친 털이 나고 원줄기는 4각형이며 가늘고 길게 덩굴진다. 잎은 어긋나며 잎자루가 없고, 깃꼴겹잎으로 끝에는 갈라진 덩굴손이 있다. 작은잎은 잎줄기의 양측에 각각 5~7조각이 마주나거나 또는 어긋나고 긴 타원형이다. 꽃은 6~9월에 붉은색이 도는 보라색 꽃이 꽃대 한쪽에 몰려서 길게 뭉쳐 핀다. 목초나 가축의 사료용으로 쓰이고 어린잎은 나물로 먹기도 한다.

장소	날짜

피뿌리풀

팥꽃나무과

Stellera chamaejasme L.

우리나라 제주도와 황해도 이북의 들판에서 매우 드물게 자라는 여러해살이풀이다. 뿌리가 굵으며 딱딱하고 땅속으로 깊이 뻗는다. 줄기는 뿌리에서 여러 가지가 모여나며, 높이는 20~40cm 정도이고 털이 없고 윤기가 난다. 어긋나는 잎이 다닥다닥 달리고, 가장자리가 밋밋하다. 꽃은 6월 초부터 7월 하순에 원줄기 끝에서 15~22개가 머리모양을 이루어 달리며 붉은색으로 핀다. 열매는 타원형으로 꽃받침에 싸여 있다. 뿌리의 색이 핏빛 같다 하여 피뿌리풀이라 한다. 정원용 소재로 많이 사용한다.

7~10월

부처꽃
Lythrum anceps (Koehne) Makino

부처꽃과

8~10월

우리나라 북부, 중부, 남부 지방의 양지바른 습지에 비교적 드물게 자라는 여러해살이풀이다. 줄기는 곧추서며 가지가 갈라지고 높이는 50~100cm이다. 전체에 털이 없고 매끈하다. 잎은 마주나며 긴 타원형이다. 꽃은 6~8월경 줄기 윗부분의 잎겨드랑이에서 붉은색으로 3~5송이씩 모여 핀다. 꽃받침은 긴 통모양으로 끝이 6갈래로 갈라지며, 꽃잎은 6개로 꽃받침통 끝에 달린다. 열매는 긴 타원형으로 꽃받침에 싸여 있다. 조그만 꽃이 가지 끝마다 곱게 달리므로 연못주변이나 습지의 정원용 소재로 많이 사용한다.

장소	날짜

앵초과

큰까치수염
Lysimachia clethroides Duby

우리나라의 들판이나 산지, 습기가 있는 풀밭에서 자라는 여러해살이풀이다. 땅속줄기는 길게 뻗는다. 높이는 자라는 곳에 따라 50~100cm로 차이가 많다. 붉은 빛이 도는 줄기는 곧게 자라고 전체에 털이 거의 없다. 잎은 어긋나며 긴 타원형이며, 끝이 뾰족하고, 가장자리가 밋밋하다. 6월 하순부터 8월 초에 걸쳐 하얗게 피는 꽃이 수수이삭처럼 뭉쳐서 피는데 관상가치가 좋다. 꽃받침은 종모양으로 5갈래로 깊게 갈라진다. 열매는 둥글며 꽃받침에 싸여 있다. 지방에 따라 개꼬리풀이라고도 부른다. 부인의 생리불순이나 생리통에 약으로 쓰이기도 한다.

7~9월

누리장나무

Clerodendron trichotomum Thunb.

마편초과

8~10월

우리나라 중부 지방 이남의 산과 들에 비교적 흔하게 자라는 잎이 지는 소관목이다. 줄기는 가지가 갈라지며 높이는 4m 안팎으로 자란다. 잎은 마주나고 삼각형에 가까운 잎이 넓고 크며, 가장자리가 밋밋하거나 뚜렷하지 않은 톱니가 있다. 7~8월에 흰색으로 꽃이 피며 지름은 3cm쯤이다. 열매는 둥글며, 10월에 진한 남색으로 익고, 적색 꽃받침에 싸여 있다가 꽃받침이 뒤로 젖혀짐으로써 드러난다. 나무 전체에서 누린 냄새가 난다고 해서 누리장나무라고 부른다. 가지와 잎은 혈압을 내리는데 효능이 있다.

장소	날짜

좀작살나무

마편초과

Callicarpa dichotoma (Lour.) K. Koch

우리나라 중부 이남의 산지에서 자라는 낙엽이 지는 소관목이다. 높이는 1.5m 내외이고 작은가지는 사각형이며 여러 갈래로 갈라져 별모양의 털이 있다. 잎은 마주 달리고 난형 또는 긴 타원형이며, 가장자리는 중앙 이상에 톱니가 있다. 꽃은 7~8월에 피고 연한 자줏빛이며 10~20개씩 잎겨드랑이에 달린다. 꽃줄기는 길이 1~1.5cm이며 별모양의 털이 있다. 수술은 4개, 암술은 1개이며, 열매는 10월에 둥글고 자주색으로 익는다. 울타리를 겸한 정원용 소재로 많이 사용한다. 작살나무와 같으나 작기 때문에 좀작살나무라고 한다.

9~10월

용머리
Dracocephalum argunense Fisch. ex Link 꿀풀과

7~9월

우리나라 중부 지방 이북의 산과 들 습기가 있는 양지에 드물게 자라는 여러해살이풀이다. 뿌리줄기는 단단하며 짧다. 줄기는 사각형이고 높이는 20~50cm 정도다. 잎은 마주나며 길이 2~4cm로 가늘고 길며 두껍고 표면은 광택이 있다. 잎겨드랑이에 몇 장의 작은 잎이 모여 난다. 6~7월에 자주색 꽃이 피며, 줄기 끝에 몇 개 달린다. 꽃부리는 통모양이고 끝은 입술모양이다. 꽃받침은 통모양이며, 5갈래로 갈라진다. 꽃의 모양이 용의 머리와 흡사하다 하여 용머리라 이름 붙여진 꽃이다. 보라색의 꽃이 화려하고 꿀이 많다. 약용이나 관상용으로 사용한다.

장소	날짜

꿀풀

꿀풀과
Prunella asiatica Nakai

우리나라의 산과 들의 햇빛이 잘 드는 양지의 약간 습한 곳에서 잘 자라는 여러해살이풀이다. 줄기는 붉은색을 띠며, 털이 많으며, 높이는 20~30cm다. 잎은 마주나며 난형 또는 타원형이며, 가장자리가 밋밋하거나 톱니가 조금 있다. 꽃은 5~7월에 줄기 끝에 빽빽하게 달리며 보라색을 띤다. 꽃받침은 5개로 갈라지고 겉에 잔털이 있다. 꽃 속에 꿀을 많이 간직하고 있다고 하여 꿀풀이라 부른다. 정원용 소재로 많이 사용한다. 늦여름이면 잎과 줄기가 마르므로 하고초라고도 하며 식용, 약용으로도 많이 활용되고 있다.

5~8월

섬백리향

Thymus quinquecostatus var. *japonica* H.Hara

꿀풀과

7~10월

우리나라 울릉도 높은 산이나 바닷가 바위 곁에서 자라는 늘 푸른 소관목이다. 울릉백리향이라고도 한다. 줄기는 가지가 많이 갈라지고 옆으로 퍼진다. 높이는 20~30cm로 백리향보다 잎과 꽃이 크며 향기가 은은하고 청명한 느낌을 준다. 어린나무는 포기 전체에 흰 털이 나고 향기가 강한 것이 특징이다. 잎은 마주나며 타원형이며 가장자리가 밋밋하다. 잎자루는 짧다. 꽃은 6~8월에 잎겨드랑이에서 분홍색의 작은 꽃이 총총하게 모여 핀다. 전체에 향이 있는데 잎이 발 끝에 묻으면 백 리를 갈 때까지 향이 난다하여 붙은 이름이다. 한국 특산식물이다. 향수를 만드는 원료로 이용된다.

장소	날짜

솔체꽃

Scabiosa mansenensis Nakai

산토끼꽃과

강원도, 경상북도, 제주도 등의 산과 들에서 드물게 자라는 두해살이풀이다. 전체에 털이 있고 줄기는 곧게 자라며 가지가 많이 갈라지고 높이는 60~100cm 정도다. 잎은 변이가 심한 편이고 뿌리잎은 완전히 갈라지거나 갈라지지 않고 큰 톱니만 있으며 잎자루가 길다. 줄기잎은 마주나며, 가장자리에 톱니가 있고 위로 갈수록 깃꼴로 잘게 갈라진다. 꽃은 7~9월에 꽃줄기 끝에 보라색 또는 푸른 보라색으로 아름답게 핀다. 관상용으로 많이 쓰인다. 열매는 긴 타원형이다. 꽃은 두통, 발열, 황달에 효능이 있다.

8~10월

초롱꽃

Campanula punctata Lam.

초롱꽃과

6~9월

제주도를 제외한 전국의 산과 들에서 비교적 흔하게 자라는 여러해살이풀이다. 전체에 털이 많고 줄기는 곧게 자라며 가지가 많이 갈라진다. 높이는 30~70cm 정도이다. 잎자루가 길며, 줄기잎은 어긋나며 가장자리에 불규칙한 큰 톱니가 있다. 5월 하순부터 7월까지 줄기와 가지 끝에 한 개씩 종모양으로 아래를 향해 흰색으로 꽃이 핀다. 꽃자루는 길며, 꽃받침은 5갈래로 얕게 갈라진다. 갈래 사이에 뒤로 구부러진 부속체가 있다. 정원용 소재로 많이 쓰인다. 뿌리와 꽃은 천식·편도선염·인후염 등의 약재로 쓴다.

장소	날짜

금강초롱꽃

초롱꽃과

Hanabusaya asiatica (Nakai) Nakai

경기도의 광덕산, 명지산, 강원도의 오대산 등 북부지방 높은 곳에서 자라는 여러해살이풀이다. 줄기는 가지가 별로 갈라지지 않고 높이는 30~60cm 정도까지 자란다. 잎은 어긋나기로 나며 줄기 아래쪽의 것은 드문드문 달리고, 일찍 떨어진다. 줄기 끝부분의 잎은 붙어서 돌려난 것처럼 보이며 긴 난형 또는 타원형이다. 꽃은 7월 하순부터 9월 초순에 줄기 끝에 한두 개씩 달리며, 밑을 향하고 종모양이며 푸른 보라색이나 흰색으로 핀다. 금강산에서 처음 발견되었고 꽃모양이 청사초롱같이 생겨서 붙여진 이름 금강초롱꽃은 한국 특산식물로 보호 받고 있다.

8~10월

엉겅퀴

Cirsium japonicum DC. var. *ussuriense* (Regel) Kitam.

국화과

7~10월

우리나라 산과 들의 풀밭에서 흔히 자라는 여러해살이풀이다. 줄기는 곧추서며 높이는 50~100cm며 가지를 친다. 원줄기 밑에는 털이 많고 위쪽에는 흰털과 거미줄 같은 털이 있으며 가지가 많이 갈라진다. 뿌리잎은 모여나며 긴 타원형이다. 줄기잎은 어긋나며 긴 타원형이며, 깃꼴로 깊게 갈라지며 밑이 줄기를 감싼다. 꽃은 6~8월에 줄기와 가지 끝에서 뾰족한 실모양의 많은 꽃잎이 원통모양의 꽃받침 위에 둥글게 뭉쳐서 한 송이로 핀다. 붉은 보라색 또는 드물게 흰색이다. 열매는 긴 타원형이다. 어린잎은 먹을 수 있고 풀 전체와 뿌리를 약재로 쓴다.

장소	날짜

솜다리

국화과

Leontopodium coreanum Nakai

설악산을 중심으로 한 고산지대 양지바른 곳에서 흔히 자라는 여러해살이풀이다. 줄기는 곧추서며 높이 15~25cm이다. 풀의 길이는 2~3cm쯤 되며 밑부분이 좁아져 잎자루 같은 모양이 된다. 꽃은 7~8월에 황색으로 피고 줄기 끝에 모여 달린다. 눈 속에서 꽃대 줄기가 피어오르는 것을 보고 솜다리꽃은 겨울에 피는 것으로 알고 있지만, 봄부터 가을까지 꽃을 피운다. 열매는 연노랑색으로 익으며 종자의 관모는 흰색이다. 한국 특산 식물이나 에델바이스로 더 많이 알려져 있다. 꽃에는 연한 향기가 있고 전체가 흰솜털로 덮여 있어 솜다리라 부른다.

9~10월

| 장소 | 날짜 |

뻐꾹채

Rhaponticum uniflorum (L.) DC.

국화과

7~9월

우리나라 중부 지방 이북의 산과 들의 건조한 양지에서 비교적 흔하게 자라는 여러해살이풀이다. 뿌리줄기는 밑으로 곧게 뻗으며 줄기는 곧추서며, 높이는 약 60cm다. 전체에 흰 솜털이 덮여있다. 잎은 긴 타원형인데 양쪽이 깊게 갈라지고 가장자리는 뭉툭하고 가시가 없다. 6~8월에 붉은빛이 도는 보라색의 꽃이 솔방울모양의 꽃받침 위에 동그랗게 얹혀 핀다. 뻐꾸기가 우는 5월에 꽃이 피고 꽃송이를 감싼 총포잎의 포개진 모습이 뻐꾸기의 앞가슴 깃털처럼 생겨서 뻐꾹채라 한다. 관상용으로 사용한다. 가을에 열매가 여물고 어린잎은 식용으로 한다.

장소	날짜

원추리

백합과

Hemerocallis fulva (L.) L.

우리나라의 산과 들에서 흔하게 자라는 여러해살이풀이다. 줄기는 없다. 잎은 마주나고 서로 얼싸안으며, 끝이 뾰족하고 윗부분은 둥글게 젖혀진다. 꽃은 6~7월에 꽃줄기(높이 70cm) 끝에서 6~8송이가 모여 달리며 꼭지가 있다. 꽃은 붉은빛이 도는 노란색이다. 우리들에게 꽃보다는 나물로 더 친숙하다. 관상용으로 많이 사용한다. 뿌리를 지혈제 및 이뇨제, 소염제로 사용하기도 한다. 유사종으로 애기원추리, 노랑원추리, 왕원추리 등이 있다. 영어명이나 학명은 모두 아름다운 꽃이 하루만 피고 시들어 버린다는 데서 붙여진 이름이다.

7~10월

일월비비추

Hosta capitata (Koidz.) Nakai

백합과

7~10월

우리나라의 산 숲 속의 습한 곳에 비교적 흔하게 자라는 여러해살이풀이다. 잎은 뿌리에서 모여나며, 넓은 난형이다. 잎의 아랫 부분은 심장처럼 생겼으며 모두 뿌리에서 돋아 비스듬히 퍼진다. 꽃은 6~8월에 꽃줄기 끝에서 몇 개가 연한 보라색으로 핀다. 흰색의 꽃이 피는 것을 흰일월비비추라고 하며 비비추와의 차이점은 작은 꽃이 꽃줄기 끝부분에서 집중되어 피는 것이 다르다. 잎의 생김새에 따라 둥근비비추, 좁은주걱비비추, 좀비비추, 참비비추 등의 유사종이 있다. 이른봄에 돋아나는 어린잎을 따서 나물로 식용한다.

장소	날짜

땅나리

백합과

Lilium callosum Siebold et Zucc.

우리나라 중부 지방 이남의 산과 들에서 비교적 드물게 자라는 여러해살이풀이다. 땅속의 비늘줄기는 둥근모양이다. 줄기는 곧추서며 높이는 40~100cm까지 자라며 털이 없다. 잎은 어긋나며 선형 또는 넓은 선형이다. 잎 양면은 털이 없고, 가장자리가 밋밋하다. 꽃은 6~8월에 줄기 끝에서 1~9개씩 아래를 향해 달리며 노란빛이 도는 붉은색이다. 열매는 긴 난형이며 세모가 진다. 덩이뿌리가 다른 나리에 비하여 작은 편이고 7월에 피는 꽃이 무척 화려하다. 관상용으로 사용한다.

6~9월

솔나리
Lilium cernum Kom.

백합과

7~10월

우리나라 주로 강원도 이북의 높은 산 고지대에서 자라는 여러해살이풀이다. 비늘줄기는 길이 3cm, 지름 2cm 정도이며 희고 긴 난형이다. 잎은 어긋나며 촘촘히 달리고 잎자루가 없이 매끈하며 끝이 날카롭다. 줄기는 곧추서며, 털이 없고 높이는 70cm 정도까지 자란다. 꽃은 7~8월에 가지 끝과 원줄기 끝에서 1~6개씩 옆이나 밑을 향해 달리며, 분홍색의 화려한 꽃이 피는데 나리 중에 으뜸이다. 잎이 솔잎처럼 가늘기 때문에 솔나리라는 이름이 붙여졌다. 꽃이 아름다워 관상용으로 사용하며, 어린싹은 나물로 먹을 수 있지만 약한 독성이 있으므로 주의해야 한다.

장소	날짜

하늘나리

백합과

Lilium concolor Salisb.

제주도를 제외한 우리나라의 산과 들에 비교적 흔하게 자라는 여러해살이풀이다. 비늘줄기는 희고 넓은 타원형이며 마디는 없다. 줄기는 가늘고 곧추서며 높이 30~80cm이며 털은 거의 없다. 잎은 어긋나고, 선형이나 넓은 선형으로 가장자리에 잔돌기가 있다. 꽃은 6~7월에 줄기 끝에서 1~5개씩 위를 향해 달리고, 짙은 주홍색에 자줏빛 반점이 있다. 나리류 중에서 가장 색상이 고운 꽃 중의 하나다. 이른봄에 비늘줄기를 식용하고, 관상용으로 사용한다. 참나리와 함께 약용으로도 쓰인다.

7~9월

참나리
Lilium lancifolium Thunb.

백합과

8~10월

우리나라의 산과 들에 흔하게 자라는 여러해살이풀이다. 비늘줄기는 흰색이며 둥근 기둥모양이다. 줄기는 곧추서고 붉은 갈색을 띠고 높이 1.0~1.5m이다. 잎은 곧추서며 검은 보라색의 점이 있고 흰털이 있다. 잎은 어긋난다. 꽃은 7~8월에 피며 가지 끝과 원줄기 끝에 4~20송이가 모여 황적색으로 피는데 꽃꼭지가 있고 아래로 향한다. 열매는 긴 난형이다. 관상용으로 많이 사용하고 있다. 어린잎은 나물로 먹는다. 한방에서는 비늘줄기를 말려서 해소·천식·종기에 쓴다. 민간에서는 영양제·강장제·진해제로 쓴다.

장소	날짜

맥문동

백합과

Liriope muscari (Decne.) L.H. Bailey

우리나라 중부 지방 이남의 숲 속에 자라는 여러해살이 풀이다. 뿌리줄기는 짧고 굵으며 옆으로 길게 뻗는데 수염뿌리가 많이 나며 그 끝에 작은 덩어리뿌리가 달린다. 잎은 뿌리에서 여러 개 모여나며 납작하고 선형이다. 잎 앞면은 윤기가 나며 잎줄이 여러 개 있다. 꽃은 5~8월에 잎 사이에서 난 꽃줄기(높이 30~50cm)의 윗부분에 3~5개씩 마디마다 모여달리며 연한 분홍색이며 짧은 꽃꼭지가 있다. 열매는 둥글며 얇은 껍질이 벗겨지면서 검게 익는다. 겨울에도 잎이 시들지 않아 정원용 소재로 많이 사용한다. 뿌리는 한약재로서 소염·해열·거담·진해 등에 이용된다.

7~10월

상사화
Lycoris squamigera Maxim.

수선화과

8~10월

우리나라의 배수가 잘 되는 사질 양토의 양지 바른 곳에서 잘 자라는 여러해살이풀이다. 비늘줄기는 넓은 난형이다. 잎은 4~5월에 비늘줄기 끝에서 여러 장이 나오며, 선형이며 연한 녹색의 잎이 봄철에 나와 꽃이 피기 전에 마르고 없어진다. 꽃은 높이 50~70cm의 꽃줄기 끝에 달리며, 옆을 향하고 연한 보라색을 띤다. 8월에 자줏빛 꽃이 피는데, 꽃이 필 때 잎은 이미 말라 있다. 열매는 잘 맺히지 않는다. 관상용으로 사용한다. 내한성이 강하여 서울에서도 월동을 한다. 잎과 꽃이 만나지 못해 그리워한다는 의미로 상사화라는 이름이 붙여졌다.

범부채

붓꽃과

Belamcanda chinensis (L.) Redouté

우리나라 산지의 습하면서 양지 바른 곳에서 드물게 자라는 여러해살이풀이다. 뿌리줄기는 짧으며 수염뿌리가 많이 붙어 있다. 줄기는 곧추서고 위쪽에서 가지가 갈라지고, 높이는 50~100cm다. 잎은 넓적하게 서로 어긋나게 붙어 부채모양으로 되며, 흰빛이 도는 녹색이다. 꽃은 6~7월에 가지 끝에서 2~3개씩 나오며 노란색 또는 붉은색의 꽃이 핀다. 열매는 난형이며 씨는 검은색이다. 번식과 적응력이 뛰어나 관상용으로 사용한다. 꽃잎의 얼룩 무늬가 호랑이 무늬와 닮았고 줄기에 달린 잎이 부챗살이 퍼져 있는 것처럼 보인다고 하여 붙여진 이름이다.

8~10월

해오라비난초
Habenaria radiata (Thunb. ex Murray) Spreng.

난초과

9~10월

우리나라의 양지쪽 습지에서 자라는 여러해살이풀이다. 잎은 비스듬히 서며 넓은 선형이고 밑부분이 엽초로 된다. 입술꽃잎은 흰색이며, 입술꽃잎의 옆 갈래는 폭이 넓고 끝이 가늘게 여러 갈래로 갈라진다. 원줄기는 높이 15~40cm로서 털이 없고 밑부분에 1~2개의 초상엽이 있으며 그 위에 3~5개의 큰 잎이 달리고 그 윗부분에 몇 개의 포 같은 잎이 달려 있다. 꽃은 7~8월에 피며 지름 3cm 정도로서 1~2개가 원줄기 끝에 달리고 백색이다. 꽃의 생긴 모양이 특이하여 사랑을 많이 받는다.

타래난초

난초과

Spiranthes sinensis (Pers.) Ames

우리나라의 산속 양지쪽 풀밭에서 비교적 흔하게 자라는 여러해살이풀이다. 뿌리는 굵은 뿌리 4~5개와 옆으로 뻗는 끈모양의 뿌리가 몇 개 있다. 줄기는 곧추서며, 높이는 20~30cm이고 연한 풀색이다. 꽃줄기에는 털이 있다. 꽃은 종모양이며 완전히 벌어지지 않는다. 꽃은 6~9월에 실타래처럼 줄기를 감아 돌아 달리며, 자주색, 분홍색 또는 흰색이다. 꽃잎은 꽃받침보다 약간 짧으며 위꽃받침잎과 함께 투구모양을 이룬다. 열매는 타원형이고 곧게선다.

6~10월

장소   날짜

투구꽃
Aconitum jaluense Kom.

미나리아재비과

8~10월

우리나라의 깊은 산 풀밭이나 산기슭에서 비교적 흔하게 자라는 여러해살이풀이다. 줄기는 곧추서며 높이는 1m 안팎이다. 잎은 어긋나기로 붙는데 3~5갈래의 손바닥모양으로 갈라지고, 갈래 끝이 뾰족하다. 줄기 위쪽의 잎은 점점 작아지고, 3갈래로 갈라진다. 9월에 원줄기 끝과 위쪽의 잎자루에서 꽃대가 자라 자주색의 꽃이 투구모양으로 한 개 혹은 여러 개 뭉쳐서 핀다. 열매는 타원형이며 3개가 붙어 있고 10월에 익는다. 뿌리에 맹독이 있으며 강심·이뇨·종기 등의 약재로 쓴다. 유사종으로는 진돌쩌귀, 세잎돌쩌귀, 지리바꽃 등이 있으며 독이 있다.

장소	날짜

개버무리

미나리아재비과

Clematis serratifolia Rehder

충북 및 강원도 이북의 저지대에 비교적 드물게 자라는 낙엽 덩굴나무다. 어린가지에 털이 조금 난다. 덩굴 길이는 약 2m이다. 잎은 마주나며 2회 3장씩 갈라지는 겹잎이다. 작은잎은 난형 또는 피침형이며 양 끝은 뾰족하고 약간 촘촘한 톱니가 있다. 꽃은 8~9월에 잎겨드랑이와 가지 끝에 3~6개씩 피고 지름은 5~6cm이며 짧은 꽃자루에 몇 개씩 아래를 향해 달리는데, 꽃받침잎은 4개로 연한 황색이다. 꽃덮이는 긴 타원형이고 약간 뾰족하며 겉에는 털이 없으나 안쪽에는 털이 있고 수술은 많으며 수술대에 털이 있다. 어린잎은 식용한다.

9~11월

가시연꽃
Euryale ferox Salisb.

수련과

8~10월

제주도를 제외한 우리나라의 깊은 연못에서 드물게 자라는 한해살이 물풀이다. 풀 전체에 가시가 있고 뿌리줄기에는 수염뿌리가 많이 난다. 씨에서 싹터 나오는 잎은 작고 화살모양이지만 큰잎이 나오기 시작하여 자라면 지름 20~120cm에 이른다. 잎 앞면은 주름이 윤이 나며, 뒷면은 검붉은색이고 잎줄이 튀어나온다. 잎자루는 길고, 잎 뒷면 중앙에 방패모양으로 붙는다. 꽃은 8~9월에 긴 꽃줄기 끝에서 1개씩 밝은 자주색 꽃이 피는데, 꽃잎이 많고 밤에는 오므라든다. 뿌리줄기는 식용하고, 한방에서는 씨를 감실이라 하여 가을에 채취하여 강장제로 사용한다.

장소	날짜

돌나물과

둥근잎꿩의비름
Hylotelephium ussuriense (Kom.) H. Ohba

경상도 주왕산과 그 주변의 절벽이나 그늘진 바위틈에 붙어 자라는 여러해살이풀이다. 몇 개의 굵은 뿌리가 있고 높이 15~25cm이며 밑으로 처지고 붉은 빛이 돈다. 잎은 마주나며 타원형이고 잎자루가 없으며 길이와 폭이 각각 2.5~4.5cm로서 가장자리에 불규칙하고 둔한 톱니가 있다. 꽃은 7~10월에 피며 짙은 자홍색으로서 원줄기 끝에 둥글게 모여 달리고, 꽃받침은 끝이 5개로 갈라지며 회색이 도는 녹색이다. 열매는 끝이 벌어지며 씨는 갈색이다. 약간 도톰한 잎과 자홍색으로 피는 꽃이 아름다워 정원용 소재로 많이 사용한다.

8~11월

큰꿩의비름

Hylotelephium spectabile (Boreau) H. Ohba   돌나물과

8~10월

우리나라 산 숲 속에서 자라는 여러해살이풀이다. 줄기는 곧추서며, 높이는 30~70cm다. 굵은 뿌리에서 여러 개의 원줄기가 나온다. 잎은 마주나거나 돌려나며 가장자리가 밋밋하거나 물결모양의 톱니가 있다. 잎자루는 없다. 꽃은 8~9월에 줄기 끝과 위쪽 잎겨드랑이에 달리며 홍자색으로 피고 지름 10cm 정도이다. 꽃차례는 원줄기 끝에 발달한다. 꽃받침은 5개로 연한 흰색이며 꽃잎은 5장으로 길이 5~6mm다. 열매는 끝이 뾰족하다. 두꺼운 잎이 보기에 좋고 암석원이나 건조한 곳의 정원 수로 쓰인다. 화분에 심어 관상용으로 사용한다.

오이풀

장미과

Sanguisorba officinalis L.

우리나라의 산과 들 어느 곳에서나 잘 자라는 여러해살이풀이다. 땅속에는 덩이뿌리가 여러 개 있다. 줄기는 곧추서며 윗부분에서 드물게 가지를 친다. 줄기의 높이는 30~100cm이며 털이 없다. 잎은 어긋나는데, 뿌리 위에 나는 잎은 긴 타원형으로 긴 잎자루가 있다. 작은 잎은 7~11개가 달리며, 가장자리에는 톱니가 있으며 짧고 작은 잎자루를 가진다. 줄기에 나는 잎은 윗부분으로 갈수록 소형이 되고 잎자루도 없어진다. 꽃은 7~9월경 가지 끝에 피며 검붉은색이다. 꽃이나 잎에서 오이 냄새가 난다고 하여 붙여진 이름이다. 한방에서는 건조시킨 땅속부분은 설사·이질 등의 치료에 사용한다.

8~10월

이질풀

Geranium thunbergii Siebold et Zucc.

쥐손이풀과

8~11월

우리나라 중부 이남의 산기슭, 들의 풀밭에서 자라는 여러해살이풀이다. 뿌리는 여러 갈래로 갈라지며, 줄기는 비스듬히 누워서 자라며 밑을 향한 퍼진 털이 많고, 높이는 40~80cm 정도이다. 잎 가장자리는 불규칙한 톱니가 있다. 잎은 마주나며 3~5개로 갈라지고 갈라진 조각의 끝에 무디고 뾰족한 톱니가 몇 개 나 있다. 꽃은 8~10월에 잎겨드랑이에서 꽃줄기가 나오고, 그 끝에 2개의 꽃이 달린다. 꽃잎은 홍자색·담홍색·흰색이며 홍색의 맥이 있다. 관상용으로 많이 사용하고 있다. 장염이나 이질 등의 치료에 쓰이고 있다.

물봉선

봉선화과

Impatiens textori Miq.

우리나라의 산골짜기, 햇빛이 잘 드는 냇가에서 흔하게 자라는 한해살이풀이다. 줄기는 물기가 많고 곧게 서며 털이 없고, 줄기의 색깔은 홍색을 띠며 마디는 볼록하다. 높이 약 60cm다. 잎은 어긋나며 잎자루가 있고 넓은 피침형이며 잎자루를 제외한 잎의 길이는 6~15cm이다. 꽃은 7~10월에 붉은색으로 가지 끝과 위쪽 잎겨드랑이에서 나며 꽃자루는 길고 기부에 작은 꽃턱잎이 있다. 꽃 모양이 봉선화와 같아 물봉선이라 한다. 흰꽃이 피는 것을 흰물봉선, 노란꽃이 피는 것을 노란물봉선이라 한다. 줄기와 잎을 염색재료로 사용한다.

8~10월

칼잎용담
Gentiana uchiyamai Nakai 용담과

9~11월

우리나라 제주도를 제외한 전국의 높은 산 중턱 약간 습한 곳에서 자라는 여러해살이풀이다. 줄기는 곧게 자라며 뿌리에서 난 잎은 없으며, 높이는 100cm가 넘는 경우도 있다. 잎은 마주나고 긴 타원형이다. 꽃은 8~9월에 자주색으로 줄기 끝이나 잎겨드랑이에 1~3개씩 달리며 꽃자루가 없다. 꽃떡잎은 2개이고, 꽃받침은 종모양으로 5개로 갈라진다. 용의 쓸개처럼 쓰다는데서 유래된 이름으로 한방에서 약재로 쓴다. 유사종으로 용담, 큰용담 등이 있다.

조름나물과

어리연꽃
Nymphoides indica (L.) Kuntze

우리나라 중부 지방 이남의 연못, 강가에서 자라는 여러해살이풀이다. 뿌리 줄기는 물 아래로 뻗으며 수염뿌리가 많다. 줄기는 가늘고 길며 1~3장의 잎이 드물게 달린다. 잎은 물 위에 뜨며 둥근 심장형으로 가장자리가 밋밋하다. 잎자루는 줄기와 같은 모양으로 달리며 그 경계가 분명하지 않다. 꽃은 8~10월에 잎자루 아래쪽에서 긴 꽃자루가 여러 개 수면 위로 나와 그 끝에 1개씩 달린다. 연꽃이라는 이름이 붙었지만 연꽃이나 수련과는 다른 종류이다. 식물분류학적으로 조름나물과에 속하는 물풀이기 때문이다.

8~11월

노랑어리연꽃
Nymphoides peltata (S.G. Gmel.) Kuntze   조름나물과

8~10월

제주도를 제외한 전국의 연못, 강가에서 자라는 여러해살이풀이다. 어리연꽃과 마찬가지로 뿌리 줄기는 물 아래로 길게 뻗는다. 줄기는 길게 자라며, 가지가 갈라진다. 잎은 줄기의 마디에 여러 장이 모여나고 원형 또는 난형이며, 어리연꽃과는 달리 잎 가장자리에 물결모양의 톱니가 있다. 잎 앞면은 녹색이지만 뒷면은 연한 녹색 또는 갈색이다. 꽃은 마주난 잎겨드랑이에서 2~3개의 꽃대가 나온다. 밝은 황색의 꽃이 7~9월에 물위에서 핀다. 햇볕을 좋아하는 노랑어리연꽃은 한낮에는 꽃잎이 활짝피고 해가지면 꽃잎을 닫는다. 꽃이 앙증맞아 많은 사람들이 좋아한다.

층꽃나무

마편초과
Caryopteris incana (Thunb.) Miq.

경상도, 전라도 및 제주도의 산과 들에 자라는 여러해살이풀이다. 줄기는 곧추서며, 아래쪽이 나무질이고, 높이는 30~60cm다. 작은 가지에 털이 많으며 흰빛이 돈다. 잎은 마주나고 난형이며 끝이 뾰족하다. 양면에 털이 많고 가장자리에 5~10개의 굵은 톱니가 있다. 꽃은 7~9월에 보라색으로 피고, 꽃이삭이 잎겨드랑이에 많이 모여 달리면서 층층이지므로 층꽃나무라는 이름이 생겼다. 꽃은 연한 자줏빛이지만 연한 분홍색과 흰빛을 띠기도 한다. 정원용 소재로 사용한다. 뿌리를 난향초라고 하며 감기에 의한 발열, 만성기관지염, 월경불순 등에 효과가 있다.

10~11월

배초향

Agastache rugosa (Fisch. et C.A. Mey.) Kuntze   꿀풀과

8~10월

우리나라의 산과 들에 햇빛이 잘 드는 논둑, 밭둑에서 흔히 자라는 여러해살이풀이다. 뿌리는 단단하다. 줄기는 직사각형이며 곧추서고, 가지가 많이 갈라진다. 높이는 1m 정도이다. 잎은 마주나며 향기가 좋고, 난형이고 얇으며 가장자리에 톱니가 있다. 꽃은 7~10월 무렵 줄기와 가지 끝에 길이 10cm 정도의 빽빽한 꽃이삭을 만들고, 엷은 보라색 꽃이 달린다. 옛날부터 '방아풀' 이라고도 불리는 배초향은 추어탕 등에 넣어 비린내를 가시게 하고 음식의 맛을 돋우는 향초로 이용해 왔다. 한방에서 곽향이라하여 생약으로 쓴다.

꽃향유

꿀풀과

Elsholtzia splendens Nakai ex F. Maek.

우리나라의 산지나 들판에서 흔하게 자라는 한해살이풀이다. 줄기는 곧추서며, 가지가 갈라지고 높이는 30~60cm 정도다. 잎은 마주나는데 잎자루가 길고 둥근 난형 또는 간 타원형이며 잎 밑이 쐐기 모양이고 날카로운 가장자리에 뭉툭한 톱니가 있다. 잎몸의 앞뒷면에 털이 있다. 꽃은 9~10월에 줄기와 가지 끝에서 여러 송이가 모여 피는데 연한 보라색이다. 이름에 어울리게 독특한 향과 꽃송이마다 꿀을 가득 담고 있다. 식물체에는 보드라운 털이 나 있으며 향유에 비해 꽃 색깔은 더욱 진하고 화려하며 짙은 향기가 있다.

9~11월

해란초

Linaria japonica Miq.

현삼과

8~10월

우리나라의 바닷가 모래땅에서 자라는 여러해살이풀이다. 전체에 분백색이 돌며 털이 없다. 줄기는 곧게 또는 비스듬히 자라며, 높이는 15~40cm이다. 잎은 마주나거나 3~4개씩 돌려나지만 윗부분은 피침형으로 보통 어긋나며 가장자리가 밋밋하다. 잎자루가 없다. 꽃은 연한 황색으로 7~9월에 핀다. 꽃자루는 짧고, 꽃받침은 5개로 갈라진다. 민간에서는 원줄기와 잎을 황달, 이뇨제로 사용한다. 7월부터 피는 꽃이 10월까지 긴 시간을 두고 아름다움을 보여주고 있다. 바닷가에 피는 난초 같이 이쁜 꽃이라 하여 해란초(海蘭草)라고 한다.

마타리

마타리과

Patrinia scabiosaefolia Fisch. ex Trevir.

우리나라의 산과 들의 풀밭 양지바른 곳에서 흔히 자라는 여러해살이풀이다. 전체에 털이 있다. 줄기는 곧추서며, 위에서 가지가 갈라지고 높이는 60~100cm까지 자란다. 뿌리잎은 긴 타원형으로 모여나며, 잎자루가 길고 거친 톱니가 있다. 잎은 깃꼴로 깊게 또는 완전히 갈라지며 마주나고, 잎자루는 거의 없다. 꽃은 7~10월에 줄기와 가지 끝에서 달리며, 노란색으로 핀다. 꽃부리는 5갈래로 갈라지며 넓은 종모양이다. 연한순은 나물을 하고, 뿌리는 소염제나 고름 빼는 약으로 쓰인다. 노란색의 꽃이 좋아 정원수로 사용한다.

8~11월

잔대
Adenophora triphylla (Thunb.) A. DC. 초롱꽃과

8~10월

우리나라의 산과 들에서 흔하게 자라는 여러해살이풀이다. 뿌리는 굵다. 줄기는 곧게 자라고 털이 없거나 드물게 있다. 높이는 약 40~120cm 정도이고 꺾으면 흰색의 액이 나온다. 잎은 3~5장씩 돌려나지만 어긋나기도 한다. 긴 타원형이며 가장자리에 톱니가 있다. 잎자루는 없거나 짧다. 꽃은 7~9월에 줄기 끝에서 종모양으로 아래를 향해 피며, 연한 보라색이다. 연한 잎과 뿌리는 나물로 먹으며 꽃이 아름다워 관상용으로 사용한다. 한방에서는 뿌리를 말려서 더덕이라 하여 강장 · 해열 · 거담제로 사용한다. 뿌리는 식용으로 쓰기도 한다.

자주꽃방망이

초롱꽃과 *Campanula glomerata* L. var. *dahurica* Fisch.

제주도를 제외한 우리나라의 산 풀밭에서 비교적 드물게 자라는 여러해살이풀이다. 줄기는 곧게 자라고 높이는 40~100cm 정도이다. 뿌리줄기는 짧고 옆으로 자라며, 퍼지거나 다소 밑으로 굽은 털이 있다. 뿌리잎은 잎자루가 길고, 줄기잎은 어긋나며 끝이 길게 뾰족해지고 밑부분이 둥글거나 좁으며 가장자리에 톱니가 있다. 꽃은 자주색으로 7~8월에 피는데 원줄기 끝에 10송이 정도가 위를 향해서 피며, 윗부분의 잎겨드랑이에도 꽃이 달린다. 잎은 나물로 먹고 관상용으로 사용하기도 한다.

8~11월

더덕
Codonopsis lanceolata (Siebold et Zucc.) Trautv.   초롱꽃과

8~10월

우리나라 깊은 산 숲 속 그늘에서 흔하게 자라는 여러해살이풀이다. 전체에 털이 없고, 덩이뿌리는 굵고, 덩굴줄기는 감겨 올라간다. 높이는 2m 이상이다. 잎은 어긋나기로 붙지만 잔가지 끝에서는 4장의 잎이 마주붙기 때문에 뭉쳐 달린 것처럼 보인다. 잎은 털이 없으며 잎꼭지는 짧다. 8~9월에 종모양의 꽃이 아래를 향해 달리고 꽃 바깥쪽은 연한 녹색이지만 안쪽은 자주색 반점이 있다. 뿌리에서 나는 향기가 좋아 나물로 먹고 술 담그는 재료로 쓰이기도 한다. 한방에서는 양유근이라 하여 피부종기에 유효하다. 봄에는 어린잎을 식용하고 가을에는 뿌리를 식용하거나 약용한다.

톱풀

국화과

Achillea alpine L.

우리나라의 높은 산 양지쪽 풀밭에서 자라는 여러해살이풀이다. 땅속줄기는 옆으로 길게 뻗는다. 줄기는 곧추 서고 부드러운 털이 있으며 윗부분에서 가지를 많이 친다. 높이는 50~100cm다. 잎은 어긋나며 넓은 선형으로 꼭지가 없다. 꽃은 7~10월에 줄기와 가지 끝에서 모여 피는데 연한 붉은색이거나 흰색이다. 열매는 길이 3mm 정도로 털이 없다. 잎이 톱니처럼 생겨 톱풀이라 하는데 옛날에는 가위처럼 갈라져 있다고 하여 가새풀이라고도 불렀다. 식용이나 약용으로 쓴다.

8~10월

좀개미취
Aster maackii Regel

국화과

8~10월

우리나라 태백산, 오대산 이북의 높은 산 계곡 근처나 마을길가 옆 햇빛이 잘 드는 곳에서 자라는 여러해살이풀이다. 뿌리줄기는 옆으로 긴다. 줄기는 곧추서며, 높이는 50~80cm까지 자라고 잎에 자줏빛이 도는 줄이 있다. 뿌리잎은 꽃이 필 때 마른다. 줄기잎은 어긋나며, 피침형으로 끝이 길게 뾰족하고 가장자리에는 톱니가 있다. 잎 양면은 잔털이 난다. 꽃은 8~10월 가지 끝에서 자주색으로 핀다. 열매는 납작한 도란형으로 겉에 거친 털이 있다. 좀개미취는 주로 강원도 이북에서 자라며 벌개미취보다 작고 가지가 많이 갈라진다. 정원용 소재로 많이 사용한다.

국화과

해국
Aster spathulifolius Maxim.

우리나라 중부 지방 이남의 바닷가 바위 위에서 자라는 비교적 흔하게 자라는 여러해살이풀이다. 전체에 부드러운 털이 많다. 줄기는 비스듬히 자라며, 높이는 30~60cm 정도이다. 줄기는 목질화하고 밑부분에서 여러 갈래로 갈라진다. 잎은 어긋나지만 밑부분의 것은 모여난 듯 보이고, 양면에 융털이 있으며, 가장자리에 톱니가 없거나 몇 개의 큰 톱니가 있다. 꽃은 7~11월에 줄기와 가지 끝에서 1개씩 연한 자주색으로 달린다. 열매는 11월에 익는다. 원예적인 가치가 있어 분화용으로 많이 사용되고 있다. 한방에서는 방광염 등의 약재로 쓰인다.

8~12월

| 장소 | 날짜 |

개미취

Aster tataricus L. fil.

국화과

8~11월

우리나라의 산 숲 속에서 자라는 여러해살이풀이다. 뿌리줄기는 곧추서고 짧으며 윗부분에서 가지가 갈라지고 짧은 털이 있다. 높이는 1.5~2m 정도다. 뿌리잎은 몇 개씩 모여나며 꽃이 필 때 마른다. 줄기잎은 어긋나며, 난형 또는 긴 타원형이며, 가장자리가 큰 톱니모양이다. 잎자루는 위로 올라가면서 작아져 거의 없어진다. 꽃은 8~10월에 줄기 윗부분이나 가지 끝에서 여러 개의 꽃이 모여 분홍빛으로 핀다. 좀개미취에 비해서 전체가 크다. 어린순은 나물로 먹는다. 관상용으로 많이 사용하며 뿌리와 풀은 천식, 폐결핵의 약재로도 사용한다.

감국

국화과 *Chrysanthemum indicum* L.

우리나라의 산과 들에 흔하게 자라는 여러해살이풀이다. 전체에 짧은 털이 있다. 줄기는 여러 대가 모여나며, 가늘고 길며 보통 흑자색이다. 높이는 30~60cm 정도다. 잎은 짙은 녹색으로 어긋나고 잎자루가 있으며 얇고 부드러우며 난상 원형인데, 보통 5갈래로 깃 모양으로 갈라졌으며 끝이 날카롭고 톱니가 있다. 꽃은 10~12월에 줄기와 가지 끝에서 달리며, 황색으로 핀다. 어린잎은 삶아 나물로 하고 꽃은 한방약재로도 쓰인다. 향기가 뛰어나 관상용으로 사용된다.

10~12월

장소	날짜

구절초

Chrysanthemum zawadskii Herbich var. *latilobum* (Maxim.) Kitam. 국화과

8~11월

우리나라 북부, 중부의 양지바른 산지에서 흔하게 자라는 여러해살이풀이다. 뿌리줄기는 옆으로 길게 뻗는다. 줄기는 곧추서고 간혹 윗부분에서 가지를 치며 털이 있다. 높이는 50~100cm 정도이다. 뿌리잎은 난형이고, 밑이 납작하다. 잎자루는 길고, 가장자리가 얕게 갈라진다. 줄기잎은 작고, 조금 깊게 갈라진다. 꽃은 8~10월에 줄기와 가지 끝에서 1송이씩 달리며, 흰색 또는 붉은색을 띤다. 기본종 산구절초에 비해서 키는 크고, 잎은 덜 갈라진다. 구절초 줄기나 잎이 부인병이나 위장병 치료에 효험이 있는데, 특히 음력 9월 9일에 채취한 것이 약효가 좋다하여 구절초라고 부르게 되었다.

장소	날짜

정령엉겅퀴

국화과

Cirsium chanroenicum Nakai

우리나라 강원도 이남의 높은 산에서 자라는 여러해살이풀이다. 한국 특산식물이다. 잎과 줄기 전체에 털이 많다. 뿌리는 굵으며 땅속 깊이 뻗는다. 줄기는 곧게 자라고 위에서 가지가 많이 갈라진다. 높이는 약 1m이다. 뿌리에 달린 잎과 밑부분의 잎은 꽃이 필 때 시든다. 줄기에 달린 잎은 어긋나며 난형이고, 밑쪽 잎은 잎자루가 길고 위쪽 잎은 잎자루가 짧다. 잎의 앞면은 녹색에 털이 약간 나며 뒷면은 흰색에 털이 없고 가장자리가 밋밋하거나 가시 같은 톱니가 있다. 꽃은 8~10월에 줄기와 가지 끝에서 1개씩 달리며, 노란빛이 도는 흰색이다.

8~10월

고려엉겅퀴
Cirsium setidens (Dunn) Nakai　　　　　　　　　　　　　　　국화과

8~11월

우리나라의 높은 산지에서 자라는 여러해살이풀이다. 뿌리는 곧게 내리고 줄기는 가지가 많이 갈라지며, 높이는 60~120cm 정도이다. 뿌리부분과 줄기 아래쪽의 잎은 꽃이 필 때쯤 시들기도 한다. 줄기잎은 어긋나며, 가운데 부분의 잎은 잎자루가 있고 난형 또는 타원형으로 끝이 대개 뾰족하고 밑이 좁아져 잎자루에 날개처럼 붙는다. 꽃은 8~10월에 줄기와 가지 끝에 연한 자주색의 꽃이 핀다. 한국 특산식물이다. 강원도 산간지방에서는 어린잎을 곤드레라 부르며 나물로 먹는다.

장소	날짜

절굿대

국화과

Echinops setifer IIjin

우리나라의 햇볕이 잘 드는 산지의 풀밭에서 흔히 자라는 여러해살이풀이다. 줄기는 1m 정도로 굵고 원줄기가 있으며 솜 같은 털로 덮여 있다. 뿌리에서 나온 잎은 잎자루가 길고 깃모양으로 갈라지며 가장자리에 길이 2~3mm 정도의 가시가 달린 톱니가 있다. 줄기의 잎은 어긋나며, 위로 갈수록 작고 잎자루가 없다. 꽃은 8~9월에 줄기 끝에서 1개씩 달리며, 남자색으로 핀다. 열매는 원통형이며 털이 빽빽이 나고, 끝부분이 가시처럼 된다. 작은꽃이 여러 개가 모여 둥근공모양으로 보이며 개수리취라고도 부른다. 관상용으로 좋다. 뿌리 말린 것을, 한방에서는 치풍, 부스럼, 아랫배 아픈 데 사용한다.

8~10월

벌개미취
Gymnaster koraiensis (Nakai) Kitam 국화과

7~10월

강원도 이남의 산과 들에 비교적 드물게 자라는 여러해살이풀이다. 옆으로 뻗는 뿌리줄기에서 원줄기가 곧게 자라고, 홈과 줄이 있다. 줄기는 곧추서며, 높이는 50~100cm다. 뿌리에 달린 잎은 꽃이 필 때 진다. 줄기에 달린 잎은 어긋나고 피침형이며, 끝이 뾰족하다. 잎 가장자리에는 작은 톱니가 있고 위로 올라갈수록 작아져서 줄모양이 된다. 꽃은 7~10월에 줄기와 가지 끝에서 1개씩 달리며, 자주색 또는 보라색이다. 한국 특산물이다. 정원용 소재로 많이 사용한다. 어린순은 나물로 식용하며, 한방과 민간에서 이뇨제로 쓴다.

금불초

국화과 *Inula britannica* L. var. *japonica* (Thunb.) Franch. et Sav.

8~11월

우리나라의 산지 습기가 있는 곳이나 햇빛이 잘 드는 풀밭에서 비교적 흔하게 자라는 여러해살이풀이다. 전체에 누운 털이 나고 뿌리줄기가 뻗으면서 번식한다. 줄기는 곧추서며 높이는 20~60cm이다. 뿌리잎과 줄기잎은 꽃이 필 때 마른다. 잎은 어긋나고 잎자루가 없으며, 긴 타원형으로 끝이 뾰족하고 밑은 좁다. 잎 가장자리는 밋밋하고, 양면은 누운 털이 난다. 잎자루는 없다. 꽃은 7~9월에 황색으로 피는데 가지 끝과 원줄기 끝에 달린다. 꽃은 말려서 이뇨·거담·건위 등에 생약으로 쓰고 어린잎은 식용한다. 관상용이나 정원용 소재로 쓰인다.

쑥부쟁이

Kalimeris yomena Kitam. 국화과

8~11월

우리나라 중부 지방 이남의 산과 들의 햇빛이 들고 습기가 약간 있는 곳에서 자라는 여러해살이풀이다. 줄기는 곧게 자라고 뿌리줄기가 옆으로 길게 뻗는다. 줄기는 곧추서며, 위쪽에서 가지가 갈라지고, 높이는 30~100cm이다. 뿌리잎은 꽃이 필 때 마른다. 잎은 가장자리에 거친 톱니가 있으며 표면은 약간 광택이 난다. 꽃은 8~10월에 가지와 줄기 끝에서 1개씩 달리며 보라색 꽃이 피고 늦가을에 씨앗이 익는다. 열매는 난형으로 털이 있다. 어린잎은 식용한다. 정원용 소재로 많이 사용되고 있다.

장소	날짜

곰취

국화과

Ligularia fischerii (Ledeb.) Turcz.

우리나라의 비교적 높은 산에서 자라는 여러해살이풀이다. 줄기는 높이 1~2m이고 곧추선다. 뿌리줄기가 굵고 털이 없다. 뿌리에 달린 잎은 큰 심장모양으로 톱니가 있으며 잎자루가 길다. 뿌리에 달린 잎 사이에서 줄기가 나온다. 줄기에는 잎이 3장 달리는데, 모양은 뿌리에 달린 잎과 비슷하지만 크기가 작고 잎자루의 밑부분이 줄기를 싸고 있다. 7~10월에 줄기 끝에 지름 4~5cm의 노란색 꽃이 핀다. 곰취라는 이름은 겨울잠에서 갓 깨어난 곰이 잘 먹는다고 해서 붙여졌다. 어린잎을 나물로 먹고, 한방에서는 가을에 뿌리줄기를 캐서 말린 것을 천식·요통·관절통·타박상 등에 처방한다.

8~10월

각시취
Saussurea pulchella (Fisch.) Fisch.

국화과

8~10월

제주도를 제외한 우리나라의 산과 들 양지에서 비교적 흔하게 자라는 두해살이풀이다. 줄기는 곧추서며, 겉에 주름이 있다. 높이는 30~150cm다. 뿌리잎과 밑부분의 잎은 꽃이 필 때까지 남아 있거나 없어지며 잎자루가 길다. 줄기잎은 긴 타원형이고 깃 모양으로 갈라지며, 끝이 뾰족하고 밑이 쐐기모양이다. 잎 양면은 가는 털이 있다. 꽃은 8~10월에 원줄기 끝과 가지 끝에 달리며, 자주색 또는 흰색이다. 한번 심으면 종자가 떨어져 자연 발아가 잘 되므로 오래도록 아름다운 꽃을 감상할 수 있다. 정원용 소재로 많이 사용한다. 어린순은 식용한다.

산부추

백합과

Allium thunbergii G. Don

우리나라의 산지 풀밭에서 흔하게 자라는 여러해살이풀이다. 비늘줄기는 난형이고, 높이는 30~40cm까지 자란다. 잎은 2~6개가 비스듬히 서고 둔한 삼각형이며 속이 차 있다. 꽃은 9~11월에 꽃줄기 끝에서 붉은 자줏빛으로 피고 꽃자루는 속이 비어 있으며 끝에 여러 송이가 달린다. 꽃줄기는 둥글다. 꽃싸개잎은 넓은 난형이고 끝이 뾰족하다. 작은 꽃자루는 길이 1~2.2cm이고 포는 넓은 난형이다. 유사종으로 참산부추, 두메부추, 한라부추 등이 있다.

9~11월

뻐꾹나리

Tricyrtis macropoda Miq.   백합과

8~10월

우리나라 남부 지방의 숲속에서 자라는 여러해살이풀이다. 땅속줄기는 곧고 길게 자라며, 마디에서 수염뿌리가 난다. 줄기는 곧추서며, 높이 50~60cm까지 자란다. 잎은 어긋나며, 넓은 난형 또는 타원형으로 가장자리가 밋밋하다. 잎끝은 뾰족하고, 밑은 줄기를 감싼다. 꽃은 8~9월에 줄기 끝과 위쪽 잎겨드랑이에 달리며, 흰색 바탕에 자주색 반점이 있다. 꽃자루는 짧으며, 겉에 짧은 털이 있다. 뻐꾹나리는 꽃잎의 가로무늬가 뻐꾸기의 가슴털 무늬를 닮아 붙여졌다. 연한잎을 식용으로 한다. 정원용으로 많이 사용한다.

꽃무릇(석산)

수선화과

Lycoris radiata (L'Hér.) Herb.

중국 원산으로 중부 지방 이남에서 심어 기르는 여러해살이풀이다. 비늘줄기는 넓은 타원형이며 흑갈색의 외피가 있다. 잎은 비늘줄기 끝에 모여나며, 짙은 녹색이고 가장자리가 밋밋하다. 꽃은 9~10월에 꽃줄기 끝에 달리며, 붉은색을 띤다. 열매는 잘 맺히지 않는다. 상사화나 개상사화처럼 남부지역 또는 해안을 고향으로 살아가는 이 식물은 날아갈 듯 휘는 꽃모양이 아름다워 정원용 소재로 많이 사용한다. 이 꽃이 집안에 있으면 과부가 된다고 하여 남부지방에서는 과부꽃이라고도 부른다. 한방에서 비늘줄기를 석산이라고 하며, 이뇨, 해독의 효능이 있다.

9~11월

닭의장풀

Commelina communis L.

닭의장풀과

8~11월

우리나라의 산과 들에 흔하게 자라는 한해살이풀이다. 줄기는 아래쪽이 비스듬히 자라며, 밑에서 가지가 갈라지고, 높이는 15~30cm다. 밑부분이 옆으로 뻗고 윗부분이 엇자라며 마디가 굵다. 잎은 어긋나며 피침형이다. 잎 양면은 털이 없거나 뒷면에 조금 있다. 꽃은 7~10월에 잎겨드랑이에서 나온 2~3cm의 꽃대 끝에 몇 개가 피는데 꼭지가 있다. 꽃받침은 3장으로 타원형이다. 열매는 타원형이다. 달개비라고도 부르며 식용으로 한다.

한란

난초과
Cymbidium kanran Makino

제주도의 상록수림대 밑, 전라남도의 섬 및 해안 지방에 희귀하게 자라는 상록성 여러해살이풀이다. 뿌리는 굵고 많으며 높이는 25~60cm까지 자란다. 잎은 줄모양으로 여러 장이 모여나며, 가죽질이고 광택이 난다. 가장자리가 밋밋하고 밑부분은 점차 좁아진다. 꽃은 10월~1월에 꽃줄기에 자줏빛을 띤 녹색으로 많이 피며 향기가 좋다. 보통 연한 녹색이지만 변이가 심해 꽃색이 다양하다. 추울 때 꽃이 피기 때문에 한란이라고 하며, 청초하고 우아한 모습이 아름답다. 관상용으로 사용한다. 멸종위기에 놓여 있어 국가에서 보호식물로 지정하여 보호하고 있다.

11~3월

부록
멸종위기 및 희귀식물이란?

멸종위기식물이란?
이 땅에서 살아가는 식물들이 생활하는데 필요한 장소 및 서식환경의 악화로 인해 사라진 식물이나 그 수가 뚜렷하게 감소되고 있어 법으로 정하여 보호하지 않을 경우 멸종위기에 처할 우려가 있는 식물들을 말한다. 2005년 개정된 야생동·식물보호법에 따라 멸종위기에 처한 야생동·식물로서 관계 중앙행정기관의 장과 협의하여 환경부령이 정하는 종을 멸종위기야생동·식물 I 급(야생동·식물보호법 2조 2항), 자연적 또는 인위적으로 인해 개체수가 두드러지게 줄어들어 앞으로 멸종위기에 처할 우려가 있는 야생동·식물로서 관계 중앙행정기관의 장과 협의하여 환경부령이 정하는 종을 멸종위기야생동·식물 II 급(야생동·식물보호법 2조 2항)으로 정하여 보호하고 있다. 식물의 경우에는 멸종위기야생식물 I 급은 8종, 멸종위기야생식물 II 급은 56종이 법으로 지정되어 관리되고 있다.-부록 1 멸종위기식물 목록 참조

희귀식물이란?
우리나라에서만 자라는 희귀식물은 세계인이 우리에게 보존을 맡긴 소중한 자원으로 우리 모두가 사랑과 관심을 기울여 보호해야 할 귀중한 식물들이다. 이 땅의 산이나 들, 강이나 바다 주변에서 스스로 자라는 식물 중 그 수의 감소로 인해 희귀해진 식물들은 계속적인 보호와 관리가 되지 않을 경우 이 땅에서 사라져 갈 것이다. 이러한 희귀식물은 산림법시행규칙 제51조 제1항의 규정에 의하여 산림청장이 지정한 식물로 217종이 지정되어 관리되고 있다.-부록 2 희귀식물 목록 참조

부록1
멸종위기식물 목록

번호	종 명
	멸종위기식물 I급
001	광릉요강꽃
002	나도풍란
003	만년콩
004	섬개야광나무
005	암매
006	죽백란
007	풍란
008	한란

번호	종 명
	멸종위기식물 II급
001	가시연꽃
002	가시오갈피나무
003	개가시나무
004	개느삼
005	개병풍
006	갯대추
007	기생꽃
008	깽깽이풀
009	끈끈이귀개
010	나도승마
011	노랑만병초
012	노랑무늬붓꽃
013	노랑붓꽃
014	단양쑥부쟁이
015	대청부채
016	대흥란
017	독미나리
018	둥근잎꿩의비름
019	망개나무
020	매화마름
021	무주나무
022	물부추
023	미선나무
024	박달목서
025	백부자
026	백운란
027	산작약
028	삼백초

번호	종 명
	멸종위기식물 II급
029	선제비꽃
030	섬시호
031	섬현삼
032	세뿔투구꽃
033	솔나리
034	솔잎란
035	솜다리
036	순채
037	애기등
038	연잎꿩의다리
039	왕제비꽃
040	으름난초
041	자주땅귀개
042	자주솜대
043	제주고사리삼
044	조름나물
045	죽절초
046	지네발란
047	진노랑상사화
048	층층둥글레
049	큰연령초
050	털복주머니란
051	파초일엽
052	한계령풀
053	홍월귤
054	황근
055	황기
056	히어리

부록2
희귀식물 목록

번호	종 명
001	섬댕강나무
002	댕강나무
003	줄댕강나무
004	미선나무
005	구상나무
006	지리산오갈피
007	가시오갈피
008	세뿔투구꽃
009	지이바꽃
010	노랑돌쩌귀
011	한라돌쩌귀
012	창포
013	도라지모시대
014	야고
015	나도풍난
016	왕자귀나무
017	여우꼬리풀
018	두메부추
019	산마늘
020	대성쓴풀
021	구름떡쑥
022	금강봄맞이

번호	종 명
023	바이칼바람꽃
024	홀아비바람꽃
025	바람꽃
026	홍월귤
027	백량금
028	두루미천남성
029	섬천남성
030	섬남성
031	쥐방울덩굴
032	등칡
033	한라개승마
034	개족도리
035	파초일엽
036	한라황기
037	섬매발톱나무
038	망개나무
039	청사조
040	먹넌출
041	좀고채목
042	자란
043	오리나무더부살이
044	순채

번호	종명	번호	종명
045	콩짜개난	074	개불알꽃
046	등대시호	075	백서향
047	섬시호	076	석곡
048	어리병풍	077	돌매화(암매)
049	새우난초	078	금강(진부)애기나리
050	여름새우난	079	끈끈이귀개
051	금새우난	080	끈끈이주걱
052	섬초롱꽃	081	개느삼
053	참고추냉이	082	담팔수
054	대암사초	083	시로미
055	왕개서어나무	084	삼지구엽초
056	노란팽나무	085	너도바람꽃
057	물고사리	086	작은황새풀
058	키큰산국	087	만년콩
059	한라구절초	088	두메대극
060	울릉국화	089	가시연꽃
061	바늘엉겅퀴	090	가침박달
062	누른종덩굴	091	너도밤나무
063	매화오리	092	만리화
064	개회향	093	산개나리
065	히어리	094	으름난초
066	이노리나무	095	천마
067	약난초	096	비로용담
068	두잎약난초	097	갯방풍
069	문주란	098	사철난
070	고란초	099	닻꽃
071	한란	100	금강초롱꽃
072	대흥란	101	섬노루귀
073	광릉요강꽃	102	황근

부록2
희귀식물 목록

번호	종 명	번호	종 명
103	자라풀	132	줄석송
104	매미꽃	133	개상사화
105	대청부채	134	백양꽃
106	꽃창포	135	참좁쌀풀
107	노랑붓꽃	136	목련
108	노랑무늬붓꽃	137	큰두루미꽃
109	난장이붓꽃	138	모데미풀
110	물부추	139	조름나물
111	만주바람꽃	140	장억새
112	깽깽이풀	141	금억새
113	눈향나무	142	구상난풀
114	해변노간주	143	수정난풀
115	모감주나무	144	소귀나무
116	개종용	145	풍란
117	무엽란	146	좀어리연꽃
118	한계령풀	147	나도고사리삼
119	솜다리	148	땃두릅나무
120	한라솜다리	149	초종용
121	산솜다리	150	박달목서
122	늦싸리	151	백작약
123	갯취	152	산작약
124	땅나리	153	금마타리
125	솔나리	154	만주송이풀
126	날개하늘나리	155	구름송이풀
127	말나리	156	낙지다리
128	섬말나리	157	모새달
129	큰솔나리	158	섬자리공
130	나도개감채	159	눈잣나무
131	꼬리겨우살이	160	층층둥굴레

번호	종 명
161	설앵초
162	왕벚나무
163	솔잎난
164	좁은잎덩굴용담
165	매화마름
166	노랑만병초
167	만병초
168	참꽃나무겨우살이
169	한라산참꽃나무
170	흰참꽃
171	도깨비부채
172	흰인가목
173	붉은인가목
174	거제딸기
175	지네발란
176	비자란
177	삼백초
178	톱바위취
179	검은도루박이
180	미치광이풀
181	토현삼
182	둥근잎꿩의비름
183	국화방망이
184	한라장구채
185	끈끈이장구채
186	자주솜대
187	흑삼릉
188	나비국수나무
189	정향나무

번호	종 명
190	꽃개회나무
191	좀민들레
192	설악눈주목
193	연잎꿩의다리
194	눈측백(찝빵나무)
195	백리향
196	섬백리향
197	한라돌창포
198	뻐꾹나리
199	기생꽃
200	제주달구지풀
201	연령초
202	큰영연초
203	덩굴용담
204	솔송나무
205	땅귀개
206	통발
207	이삭귀개
208	들쭉나무
209	월귤
210	난장이이끼
211	백운난
212	태백제비꽃
213	금강제비꽃
214	선제비꽃
215	왕제비꽃
216	산닥나무
217	새깃아재비

찾아보기

가시연꽃	94
각시취	124
갈퀴나물	66
감국	115
개미취	114
개버무리	93
개불알꽃	48
고려엉겅퀴	118
곰취	123
구절초	116
금강초롱꽃	77
금꿩의다리	56
금낭화	21
금불초	121
기린초	59
깽깽이풀	15
꽃무릇(석산)	127
꽃향유	105
꿀풀	73
꿩의바람꽃	8
노랑어리연꽃	102
노루귀	11
노루오줌	61
누리장나무	70
닭의장풀	128
더덕	110
돌단풍	23
동의나물	10
동자꽃	53
둥굴레	44
둥근잎꿩의비름	95
땅나리	83
때죽나무	32
마타리	107
만리화	34
매발톱꽃	9
맥문동	87
머위	37
모데미풀	12
물레나물	58
물매화	63
물봉선	99
미선나무	33
민들레	38
바위채송화	60
배초향	104
벌개미취	120
벌노랑이	65
범꼬리	50
범부채	89
병아리꽃나무	25
보춘화	47
복수초	7
부처꽃	68
붓꽃	46
뻐국나리	126
뻐국채	80
산부추	125
산수국	62
삼지구엽초	14
상사화	88
석곡	49

섬백리향	74	졸방제비꽃	28
솔나리	84	좀개미취	112
솔체꽃	75	좀작살나무	71
솜다리	79	종덩굴	55
순채	57	쥐오줌풀	36
술패랭이꽃	52	진달래	30
쑥부쟁이	122	참나리	86
애기나리	41	처녀치마	43
애기똥풀	19	초롱꽃	76
앵초	31	층꽃나무	103
양지꽃	24	칼잎용담	100
어리연꽃	101	큰까치수염	69
얼레지	42	큰꿩의비름	96
엉겅퀴	78	타래난초	91
연령초	45	터리풀	64
오이풀	97	톱풀	111
용머리	72	투구꽃	92
원추리	81	팥꽃나무	27
윤판나물	40	패랭이꽃	51
으름덩굴	16	피뿌리풀	67
은방울꽃	39	하늘나리	85
이질풀	98	한란	129
인동덩굴	35	할미꽃	13
일월비비추	82	해국	113
자주꽃방망이	109	해란초	106
잔대	108	해오라비난초	90
절굿대	119	현호색	20
정령엉겅퀴	117	홀아비꽃대	17
제비동자꽃	54	흰젖제비꽃	29
조팝나무	26	히어리	22
족도리풀	18		

참고문헌

현진오 · 문순화, 봄에 피는 우리꽃 386, 신구문화사, 2003
현진오 · 문순화, 여름에 피는 우리꽃 386, 신구문화사, 2003
현진오 · 문순화, 가을에 피는 우리꽃 336, 신구문화사, 2004
현진오 · 문순화, 봄꽃, 교학사, 2003
이영노, 원색한국식물도감, 교학사, 2002
배기환, 한국의 약용식물, 교학사, 2003
이유미, 한국의 야생화, 다른세상, 2003

산에 들에 피는 우리꽃 123

초판 발행	2008년 2월 28일
펴낸곳	신구문화사
출판등록	1968년 6월 10일
주소	경기도 성남시 중원구 금광2동 2661번지
전화	031-741-3055~6
팩스	031-741-3054
홈페이지	www.shingubook.com

ⓒ 신구문화사, 2008
ISBN 978-89-7668-148-5 00480

값 5,000원
*잘못된 책은 바꾸어 드립니다.
*이 책에 실린 사진과 글의 무단전재와 무단복제를 금합니다.